CÁLCULO MULTIVARIABLE
CUADERNO DE TRABAJO

CÁLCULO MULTIVARIABLE
CUADERNO DE TRABAJO

Christiaan Ketelaar

Universidad Francisco Marroquín

Basado en Stewart *Cálculo Trascendentes Tempranas*

Editorial ARJE

Cálculo Multivariable. Cuaderno de Trabajo.

1201 N Orange Street
Suite 7160
Wilmington, Delaware, 19801, USA
http://editorialarje.com
Email: cfketelaar@ufm.edu
ISBN-13: 978-1-7335483-1-1
ISBN-10: 1-7335483-1-9
Diagramación y Diseño de la portada: Allan Castillo

Índice

AGRADECIMIENTOS

Agradezco a los siguientes estudiantes por sus observaciones y correcciones a la presente edición.

- Lindsey Maité de la Roca Estrada
- Juan Pablo Estrada Müller
- Daniel Ernesto Hernández Zelada
- Jennyfer Paola Calderón Pereira
- Diego Borges Castillo
- Enrique Andrés Bolaños Reyes
- Carmen María Torres
- Carmen Lucía Valdéz
- Carlos Enrique Murillo Mönkemüller
- Alejandro José Palomo García

A los siguientes estudiantes agradezco por revisiones exhaustivas y sugerencias en la presentación del material.

- Abner Josúe Xocop Chacay
- Marcello Samuel Rosales Chávez

1. Funciones de varias variables (14.1)

Función de una variable

Una función de una variable $y = f(x)$ relaciona cada elemento x del conjunto X a lo máximo con un elemento del conjunto Y. En este caso x es la variable independiente & y es la variable dependiente.

El dominio de una función de una variable es un subconjunto de los números reales, generalmente un intervalo o unión de intervalos.

La gráfica de una función $f: X \to Y$ consiste de todos los pares ordenados de la forma $(x, f(x))$ donde x está en el dominio de f.

La gráfica de una función de una variable es una curva en el plano.

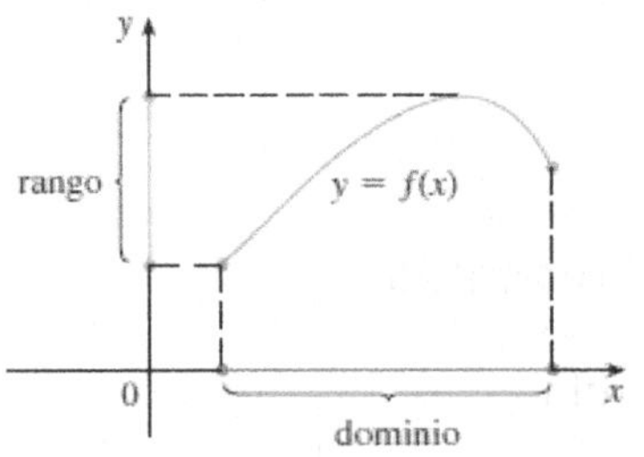

Extensión a una función de dos variables

Una función puede tener un dominio, cuyos elementos son pares ordenados (x, y).

> La función $f: X \times Y \to Z$, es una regla que asigna a cada elemento (x, y) presente en el conjunto $X \times Y$ a lo sumo UN elemento z del conjunto Z denotado por $f(x, y)$.

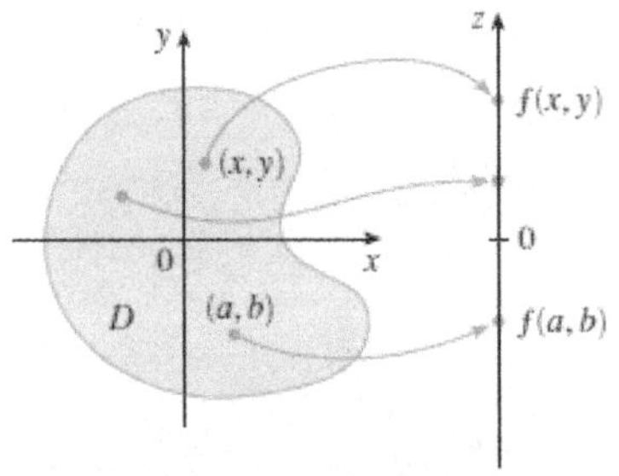

En este caso, $z = f(x, y)$ tiene dos variables independientes x, y & una dependiente z.

El dominio de una función de dos variables consiste de los pares ordenados (x, y) para los cuales $f(x, y)$ está definida. El dominio de una función de dos variables es un subconjunto del plano cartesiano $\mathbb{R}^2$, es una región (2-D) en vez de un intervalo.

La gráfica de $z = f(x, y)$ consiste de todas las triplas ordenadas de la forma $(x, y, f(x, y))$, por lo que estas gráficas son superficies en el espacio en vez de curvas en el plano.

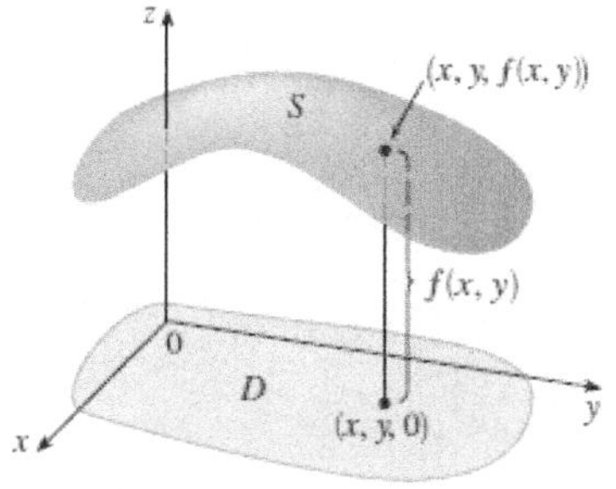

Funciones de varias variables

> Para los conjuntos X_1, X_2, $\cdots$, X_n de números reales, $f : X_1 \times X_2 \times \cdots X_n \rightarrow Y$ es una regla en la cual cada $n - tupla$ ordenada $(x_1, x_2, \cdots, x_n)$ tiene a lo sumo UN elemento del conjunto Y denotado como $f(x_1, x_2, \cdots, x_n)$.

Se utilizan funciones de varias variables porque existen varios fenómenos sociales y económicos que dependen de varios factores.

Ejercicio 1: Encuentre y bosqueje el dominio de las siguientes funciones de dos variables.

a. $f(x, y) = 20x + 15y$

Como $f(x, y)$ está definida para cualquier número real.
El dominio de f es $\mathbb{R}^2 = (-\infty, \infty) \times (-\infty, \infty)$.
El dominio de f es todo el plano cartesiano $\mathbb{R}^2$.

b. $g(x, y) = \dfrac{8}{x^2 + y^2}$

$g(x, y)$ sólo se puede indefinir si su denominador es igual a cero.
$x^2 + y^2 = 0$ sólo cuando $x = y = 0$.

El dominio de g es $\mathbb{R}^2 - \{ \{0, 0\} \}$.
El dominio de g es todo el plano cartesiano excluyendo el origen.

c. $R(x,y) \;=\; \sqrt{9 - x^2 - y^2}$

R está definida cuando $\;9 - x^2 - y^2 \geqslant 0 \qquad x^2 + y^2 \leqslant 9.$

El dominio es un círculo de radio 3, incluyendo su circunferencia.

$$\mathbb{D} \;=\; \{\ (x,y) \quad \text{tal que} \quad x^2 + y^2 \leqslant 9\ \}$$

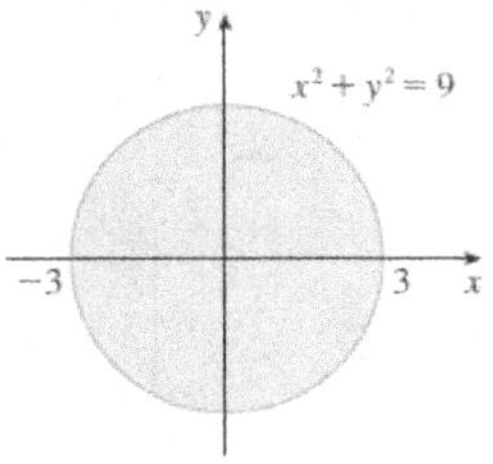

d. $h(x,y) = \dfrac{(x+4)(y+2)}{(y-2)(x-4)}$

La función se indefine cuando $\;(y-2)(x-4) = 0 \qquad x = 4 \;$ ó $\; y = 2\,.$

El dominio es todo el plano cartesiano excluyendo las rectas $\;x = 4\;$ & $\;y = 2\,.$

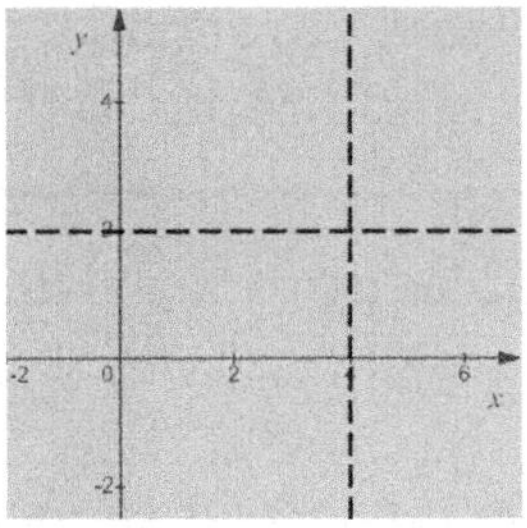

e. $z = \dfrac{9}{\sqrt{9 - x - y}}$

La función está definida cuando $\;9 - x - y > 0, \qquad y < 9 - x.$

El dominio consiste de todos los puntos debajo de la recta $\;y = 9 - x\,.$

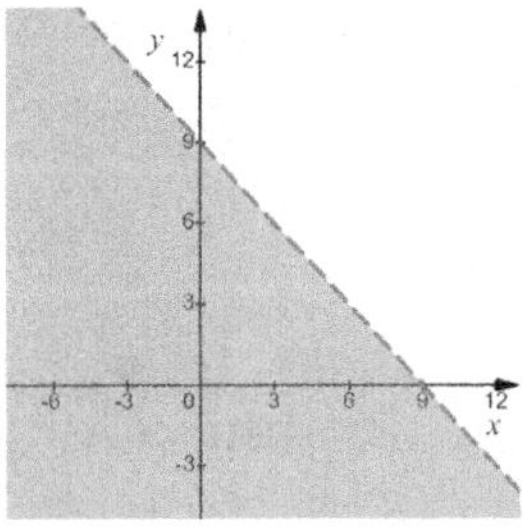

Observación: En una función de dos variables el orden de las variables es importante

$$f(a,b) \neq f(b,a)$$

Por ejemplo, en $\;f(x,y) = 20x + 15y, \quad f(1,2) \neq f(2,1)$

$$f(1,2) \;=\; 20 + 30 \;=\; 50$$
$$f(2,1) \;=\; 40 + 15 \;=\; 55$$

Sistema Rectangular en tres dimensiones

La gráfica de una función de dos variables consiste en triplas ordenadas (x, y, z) de números reales, por lo que se requiere de un sistema **coordenado rectangular en tres dimensiones**.

Este sistema coordenado tiene tres ejes mutuamente perpendiculares, conocidos como el eje x (transversal), y (horizontal), y z (vertical).

La intersección entre los tres ejes es el origen $O(0, 0, 0)$.

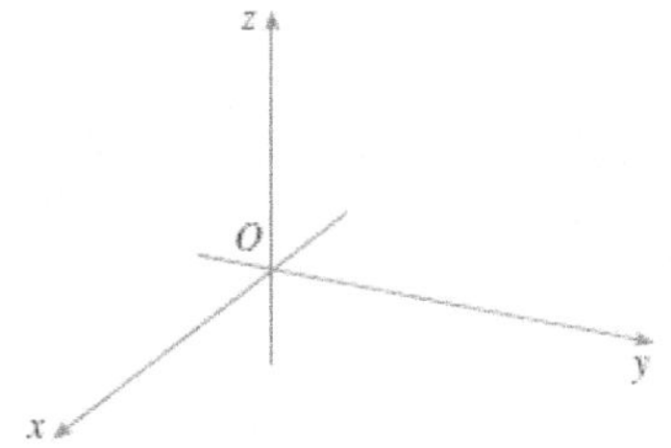

A cada punto punto P en el espacio se les puede asignar una tripla ordenada.
El punto (a, b, c) se identifica midiendo a unidades en x, b uds. en y & c unids en z.

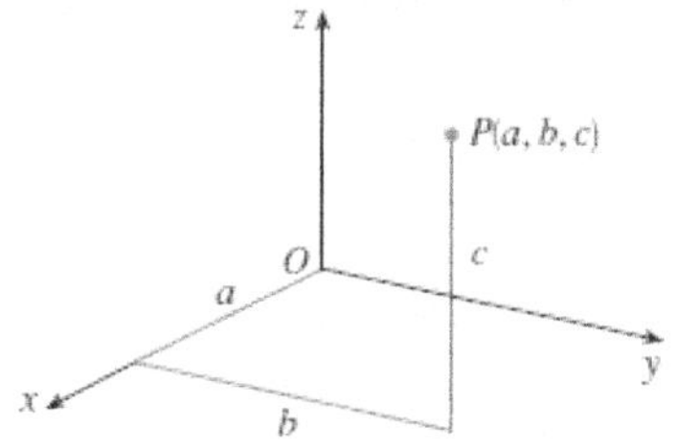

Ejercicio 2: Identifique los siguientes puntos en el sistema de coordenadas proporcionado.
0. $(0, 0, 0)$ *a.* $(2, 0, 0)$ *b.* $(-2, 2, 0)$ *c.* $(2, 0, 2)$ *d.* $(-1, -2, 1)$ *e.* $(1, 2, -2)$

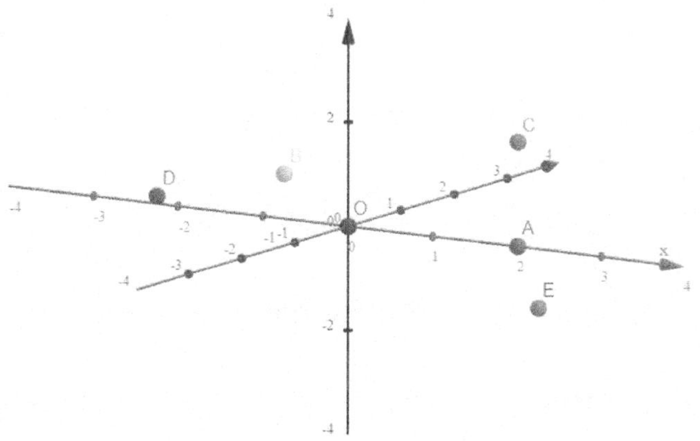

Planos Coordenados

Los tres ejes dividen al espacio en ocho octantes.

El primer octante $x \geqslant 0,\ y \geqslant 0,\ z \geqslant 0$ es el más usado y se puede pensar como un cuarto limitado por el piso $z = 0$, la pared izquierda $y = 0$, y la pared trasera (right wall) $x = 0$.

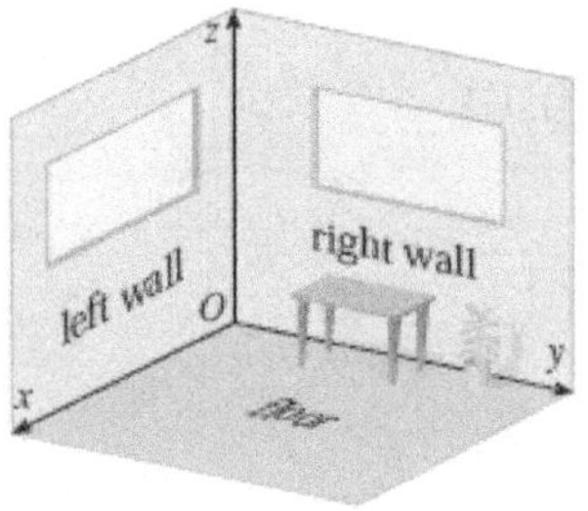

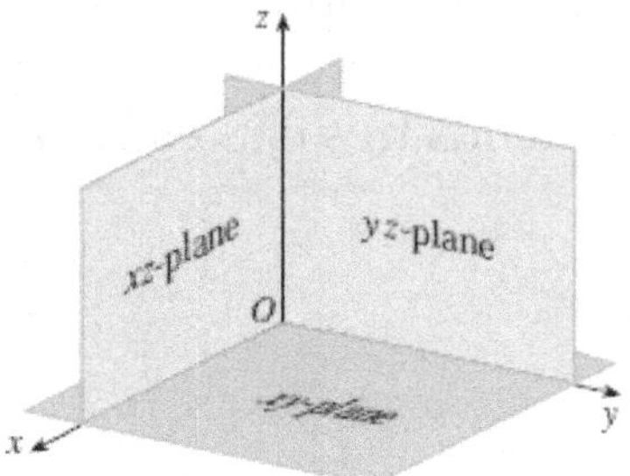

Los planos coordenados contienen dos de los ejes. Hay tres en total:

- **Plano** xy: determinado por los ejes x & y, en este caso $z = 0$ (el suelo).
- **Plano** xz: determinado por los ejes x & z, en este caso $y = 0$ (la pared izquierda).
- **Plano** yz: determinado por los ejes y & z, en este caso $x = 0$ (la pared trasera).

Las siguientes ecuaciones describen planos paralelos a los ejes coordenados.

- $z = a$ Plano paralelo al plano xy (techo con altura $a > 0$).
- $y = b$ Plano paralelo al plano xz (pared derecha $b > 0$).
- $x = c$ Plano paralelo al plano yz (pared frontal $c > 0$).

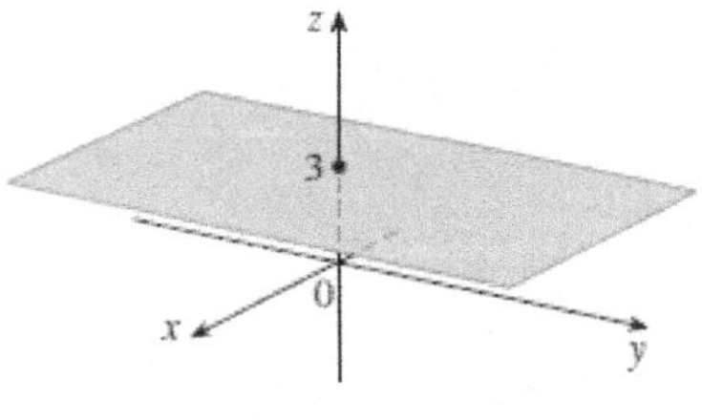

Plano $z = 3$

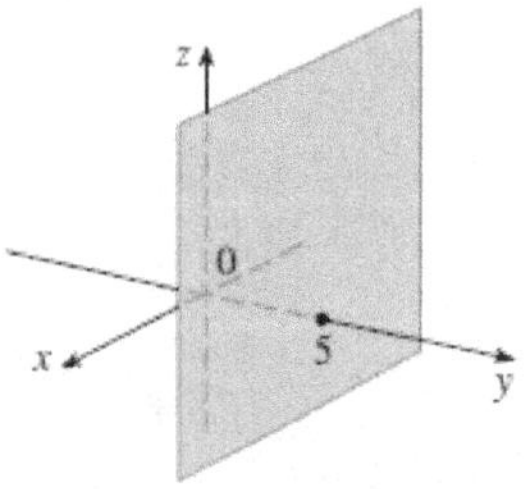

Plano $y = 5$

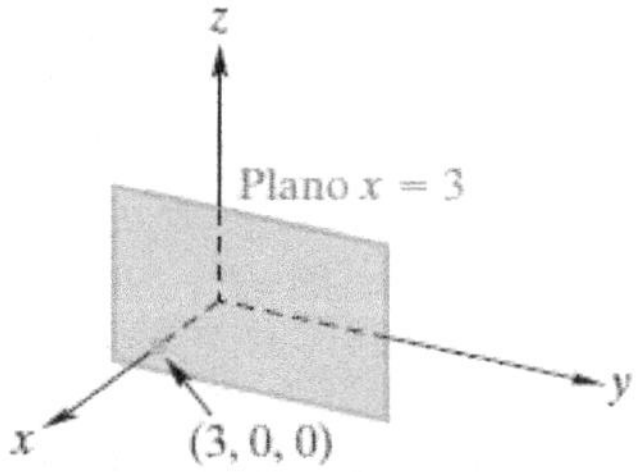

Plano $x = 3$

Ecuación de un Plano en el espacio

La forma general de la ecuación de un plano en el espacio es una ecuación lineal en x, y, z

$$ax + by + cz = D \qquad a, b, c, D \in \mathbb{R}$$

Si por lo menos dos de los coeficientes a, b, c son diferentes de cero, se obtiene un plano que no es paralelo a ninguno de los planos coordenados.

Para graficar estos planos es conveniente encontrar las intersecciones con los ejes x, y, z y las trazas con los ejes coordenados.

- **Intersección Eje x:** los puntos $(a, 0, 0)$ de la gráfica de $z = f(x, y)$.
  Iguale $y = z = 0$, resuelva para x.
- **Intersección Eje y:** los puntos $(0, b, 0)$ de la gráfica de $z = f(x, y)$.
  Iguale $x = z = 0$, resuelva para y.
- **Intersección Eje z:** los puntos $(0, 0, c)$ de la gráfica de $z = f(x, y)$.
  Iguale $x = y = 0$, resuelva para z.

Ejercicio 3: Bosqueje el plano $3x + 2y + z = 6$ *en el primer octante.*

Primero encuentre los interceptos con los ejes.

- Eje x: $y = z = 0 \quad 3x = 6 \quad \rightarrow \quad (2, 0, 0)$
- Eje y: $x = z = 0 \quad 2y = 3 \quad \rightarrow \quad (0, 3, 0)$
- Eje z: $x = y = 0 \quad z = 6 \quad \rightarrow \quad (0, 0, 6)$

Al conectarse los tres puntos por medio de líneas rectas se obtiene la gráfica del plano.

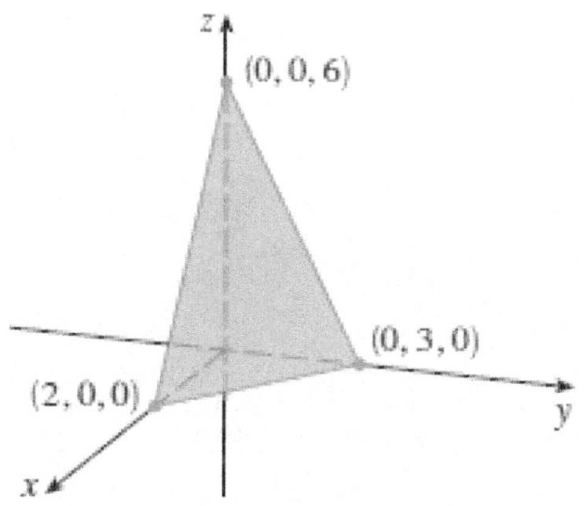

Ejercicio 4: Bosqueje el plano $y = x$ en el primer octante.

Primero encuentre los interceptos con los ejes.

- Eje x: Sea $y = z = 0$ $0 = x$ $\rightarrow$ el origen $(0, 0, 0)$
- Eje y: Sea $x = z = 0$ $y = 0$ $\rightarrow$ el origen $(0, 0, 0)$
- Eje z: Sea $x = y = 0$ $0 = 0$ $\rightarrow$ cualquier punto sobre el eje z $(0, 0, c)$

Para graficar el plano $y = x$, grafique $y = x$ en el suelo, luego continúe subiendo esta recta a lo largo del eje-z.

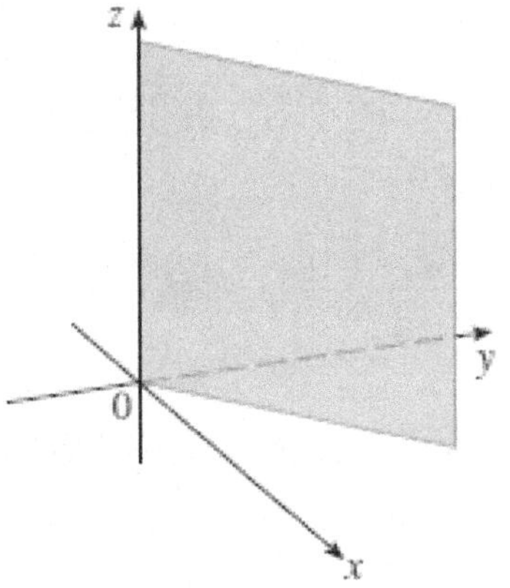

Gráficas de superficies comunes

a. **Cilindro Parabólico:** $z = x^2$. Dominio $\mathbb{R}^2$

Cuando $y = 0$, se bosqueja la parábola $z = x^2$ en el plano xz (la pared izquierda). Aunque y cambia de valor, se mantiene la misma ecuación $z = x^2$ a lo largo del eje y, por lo gráfica de esta superficie se genera al desplazar la parábola a lo largo del eje y.

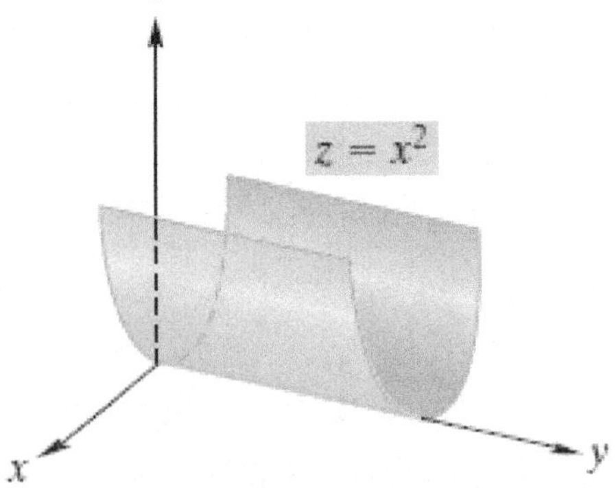

b. **Esfera de radio r** centrada en el origen $(0,0,0)$: $x^2 + y^2 + z^2 = r^2$.

El dominio de esta superficie es un círculo de radio r $x^2 + y^2 \leqslant r^2$.

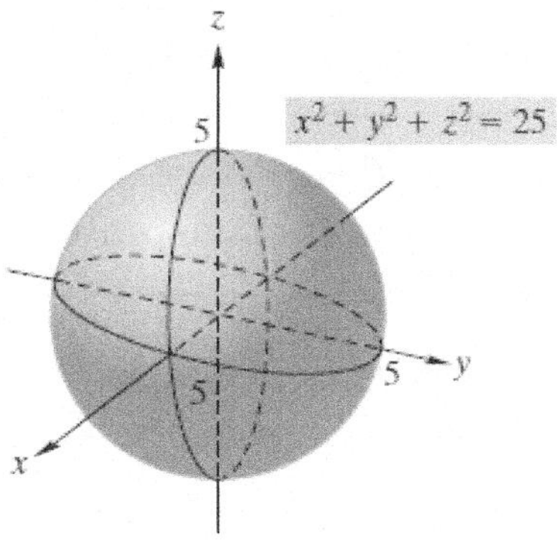

Esfera de radio $r = 5$

La gráfica de una esfera no corresponde a la de una función de dos variables por que un par ordenado (x,y) puede tener dos valores de z.

Por ejemplo, el punto $(0,0)$ contiene dos valores de z, $z = \pm r$.
Las coordenadas del Polo Norte son $(0,0,r)$ y las del Polo Sur son $(0,0,-r)$.

c. **Semiesfera superior de radio r:** es una función de dos variables que se obtiene al despejar z en la ecuación de la esfera.

$$f(x,y) = +\sqrt{r^2 - x^2 - y^2}$$

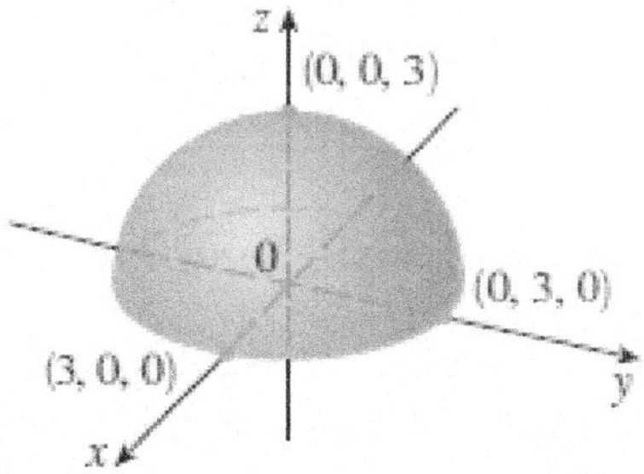

Semiesfera $f(x,y)$ de radio $r = 3$

2. Curvas de Nivel (14.1)

La construcción de la gráfica de la superficie $z = f(x, y)$ en papel resulta un reto. Por tal razón, una función $z = f(x, y)$ también se puede representar en dos dimensiones usando curvas de nivel.

> Las **curvas de nivel** de una función de dos variables, son el conjunto de curvas para las cuales $f(x, y) = k$, donde k es una constante en el rango de f.

Como se observa en la figura las curvas de nivel se obtienen al rebanar horizontalmente la superficie para diferentes valores de z y graficar cada curva "'rebanada" en el plano xy.

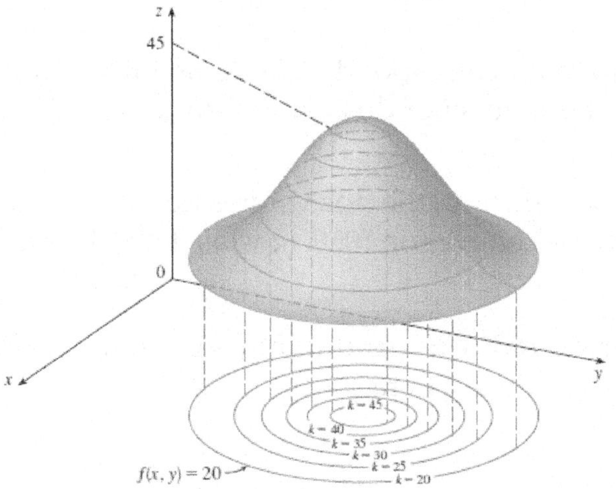

Ilustración de las curvas de nivel de $z = f(x, y)$

En economía, las curvas de nivel también se conocen como **isocuantas** y tienen diferentes interpretraciones de acuerdo al contexto:

- **Curvas de indiferencia:** selección de combinación de dos bienes x, y que producen la misma utilidad, $U(x, y) = k$.
- **Curvas de isocosto:** combinación de dos factores de producción x, y que tienen el mismo costo, $C(x, y) = k$.
- **Curvas de isobeneficio:** combinación de dos factores de producción x, y que producen el mismo beneficio o ingreso, $I(x, y) = k$.

Ejercicio 1: Grafique las curvas de nivel de las sigs. funciones para los valores de z dados.

a. $z = 8 - 4x - 2y \qquad z \;=\; -4,\ 0,\ 4,\ 8$

Para encontrar las curvas de nivel, sea $z = k$ y resuelva para y.

$$\begin{aligned} k &= 8 - 4x - 2y \\ 2y &= 8 - k - 4x \\ y &= 4 - \frac{k}{2} - 2x \end{aligned}$$

Las curvas de nivel son rectas con pendiente negativa de 2 e intercepto-y $4 - 0.5k$.

$k = -4$	$y = 6 - 2x$
$k = 0$	$y = 4 - 2x$
$k = 4$	$y = 2 - 2x$
$k = 8$	$y = 0 - 2x$

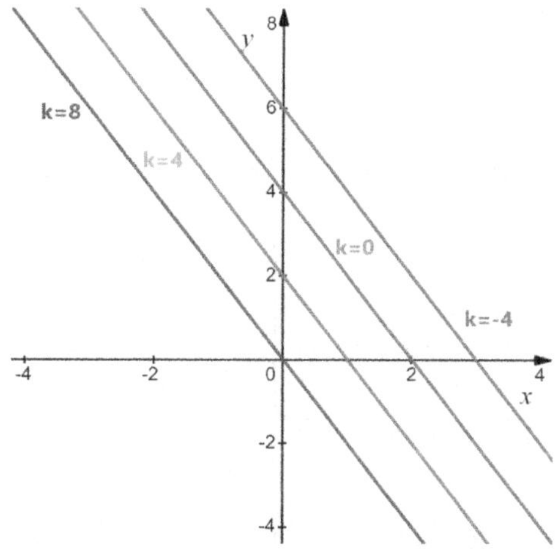

b. $z = x^2 + y^2 \qquad z \;=\; 1,\ 4,\ 9,\ 16,\ 25$

Para encontrar las curvas de nivel, sea $z = k$ y note que las curvas de nivel son circunferencias de radio $\sqrt{k}$ con centro en $(0, 0)$.

	$x^2 + y^2 = k$	
$k = 1$	$x^2 + y^2 = 1^2$	Radio 1
$k = 4$	$x^2 + y^2 = 2^2$	Radio 2
$k = 9$	$x^2 + y^2 = 3^2$	Radio 3
$k = 16$	$x^2 + y^2 = 4^2$	Radio 4
$k = 25$	$x^2 + y^2 = 5^2$	Radio 5

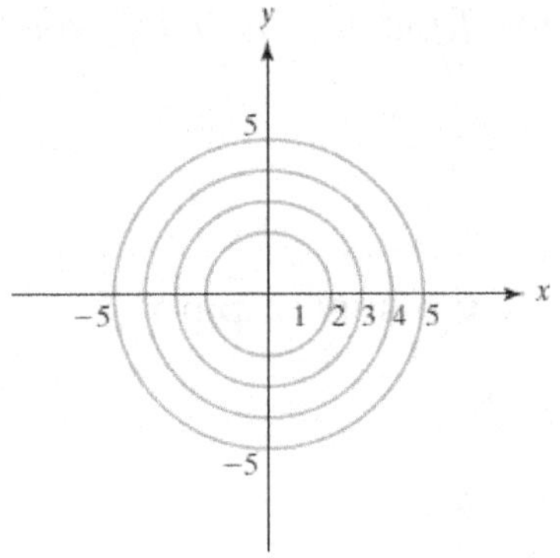

Curvas de nivel de $z = x^2 + y^2$

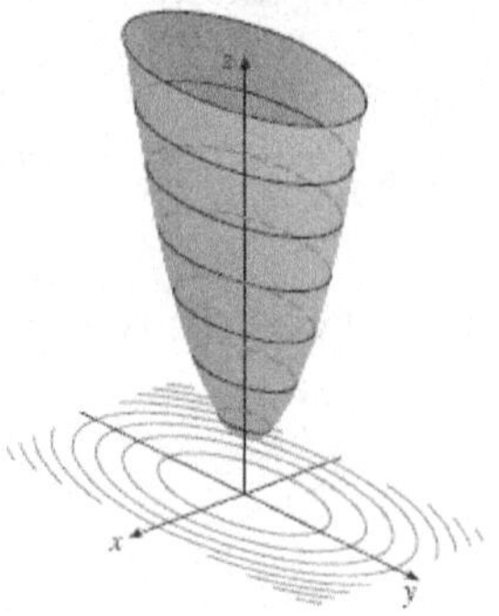

Gráfica de $z = x^2 + y^2$

c. $z = x^2 + y \qquad z = 1,\ 4,\ 9,\ 16,$

Para encontrar las curvas de nivel, sea $z = k$ y note que las curvas de nivel son parábolas que abren hacia abajo con vértice en $(0, k)$ e interceptos $(\pm\sqrt{k}, 0)$.

$$y = k - x^2$$

$k = 1$	$y = 1 - x^2$
$k = 4$	$y = 4 - x^2$
$k = 9$	$y = 9 - x^2$
$k = 16$	$y = 16 - x^2$

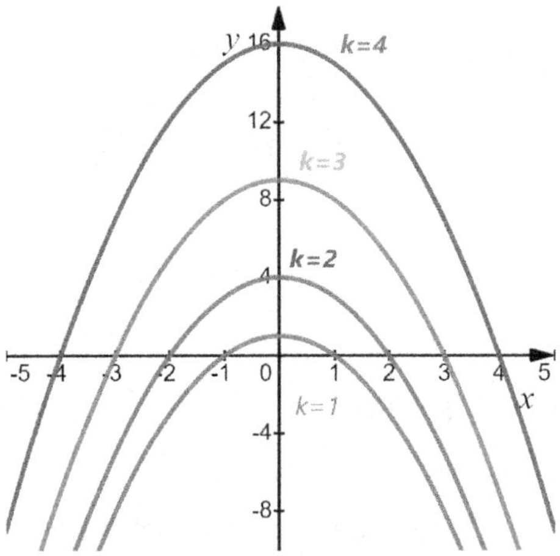

Curvas de nivel de $z = x^2 + y$

Función de Producción Cobb-Douglas

Sea K la inversión en capital ó maquinaria, y L la inversión en mano de obra.

Si los insumos no son ni complementarios ni sustitutos perfectos, el nivel de producción $P(K, L)$ se puede representar por medio de una función de producción Cobb-Douglas.

$$P(K, L) \quad = \quad AK^{\alpha}L^{\beta} \qquad A \text{ es una constante}$$

Estas funciones de producción son difíciles de visualizar en tres dimensiones pero utilizando curvas de nivel se puede visualizar cuántos insumos K y L se necesitan para producir P_o unidades.

En particular, las curvas de nivel $P(K, L) = P_o$ para la función $P(K, L) = K^{1/4}L^{3/4}$ son funciones racionales $K = \dfrac{P_o^4}{L^3}$ con las siguientes asíntotas:

- Vertical en $L = 0$, si no se invierte en mano de obra no se puede producir.
- Horizontal en $K = 0$, si no se invierte en capital no se puede producir.

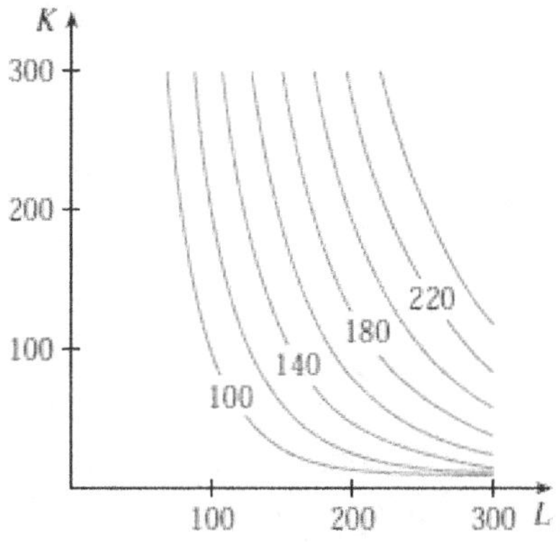

Curvas de nivel de $P(K, L) = K^{1/4}L^{3/4}$

Dado un costo de mano de obra unitario w (wages) y un costo de capital r (generalmente, una tasa de interés), las empresas tienen una restricción presupuestaria B_o.

La empresa o industria debe seleccionar cúanto adquirir en capital K y cúanta mano de obra L para maximizar el nivel de producción P.

Por ejemplo, si $w = 20$, $r = 6$ y $B_o = 10,000$.
Se tiene el siguiente problema de optimización, el cual se puede resolver con Cálculo.

$$\begin{aligned} \max \quad P(K, L) &= K^{1/4}L^{3/4} \\ \text{S.T.} \quad 10,000 &= 20L + 6K \end{aligned}$$

3. Límites y Continuidad (14.2)

Límites

El concepto de límite se utiliza para analizar el comportamiento del valor funcional $f(x,y)$ a medida que el punto (x,y) se aproxima al punto (a,b).

Límite de una función

$$\lim_{(x,y)\to(a,b)} f(x,y) = L$$

significa que los valores de $f(x,y)$ se acercan al número L a medida que el punto (x,y) se acerca al punto (a,b) a lo largo de cualquier trayectoria.

Observaciones sobre el concepto de límite

- El límite de una función puede ser diferente al de su valor funcional, recuerde las funciones definidas por tramos

$$\lim_{(x,y)\to(a,b)} f(x,y) \neq f(a,b)$$

- El límite de una función puede existir aunque la función $f(a,b)$ esté indefinida, recuerde la forma indeterminada $0/0$.
- En el caso de funciones de una sola variable, cuando $x \to a$, hay sólo dos direcciones posibles de aproximación, por la izquierda y por la derecha.
- En el caso de funciones de dos variables, el punto (x,y) se puede acercar al punto (a,b) desde un número infinito de direcciones.

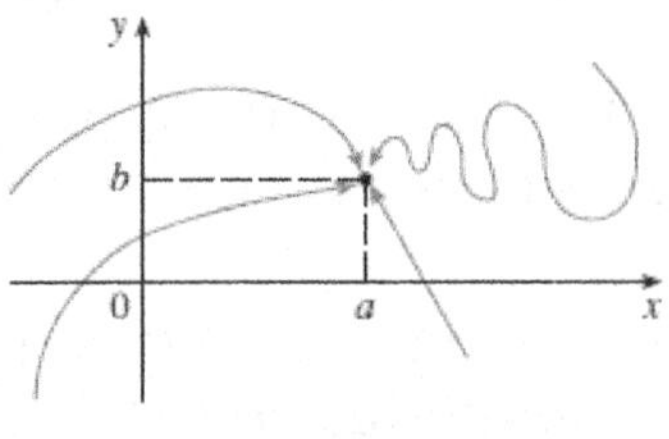

- De existir el límite, entonces $f(x,y)$ se tiene que aproximar al mismo límite sin importar cómo (x,y) se aproxima a (a,b).

Si $f(x,y) \to L_1$ a lo largo de una trayectoria C_1 y $f(x,y) \to L_2 \neq L_1$ a lo largo de una trayectoria C_2, entonces $\lim_{(x,y)\to(a,b)} f(x,y)$ no existe.

Ejercicio 1: Determine si los siguientes límites existen .

a. $\lim\limits_{(x,y)\to(0,0)} \dfrac{2x^2 - 6y^2}{x^6 + 2y^2}$ note que la función está indefinida en $(0,0)$.

Considere dos trayectorias diferentes de aproximación a $(0,0)$.

Trayectoria 1: Por el eje-x $(y = 0)$, $f(x,0) = \dfrac{2x^6}{x^6} = 2, \quad x \neq 0$

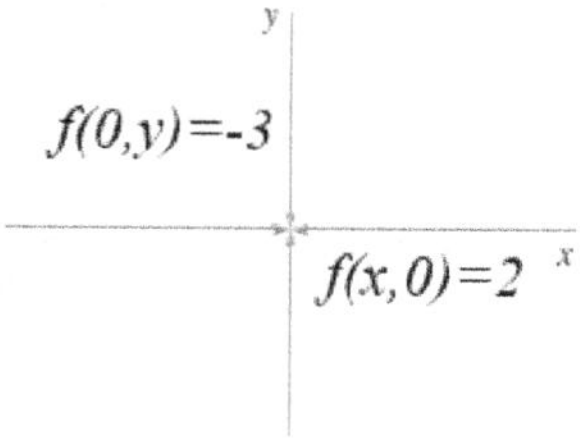

$$\lim_{(x,y)\to(0,0)} \frac{2x^2 - 6y^2}{x^6 + 2y^2} = \lim_{x\to 0} 2 = 2$$

Trayectoria 2: Por el eje-y $(x = 0)$, $f(0,y) = \dfrac{-6y^2}{2y^2} = -3, \quad y \neq 0$

$$\lim_{(x,y)\to(0,0)} \frac{2x^2 - 6y^2}{x^6 + 2y^2} = \lim_{y\to 0} -3 = -3$$

Como la función f tiene dos límites diferentes a lo largo de dos rectas distintas, el límite dado **NO EXISTE**.

b. $\lim\limits_{(x,y)\to(0,0)} \dfrac{-xy}{x^2 + 3y^2}$

Es posible que necesite considerar tres trayectorias diferentes de aproximación a $(0,0)$ para comprobar que el límite no existe.

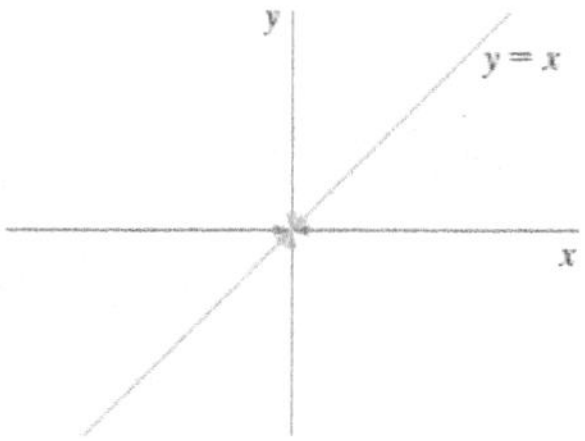

c. $\lim\limits_{(x,y)\to(0,0)} \dfrac{x^2+y^2}{2-\sqrt{x^2+y^2+4}}$

Complete el cuadrado y simplifique la expresión para poder evaluar el límite.

Continuidad

El concepto de continuidad de una función de dos variables es una extensión del concepto de continuidad para una función de una variable.

Una función es continua en el punto (a,b) si

- $f(a,b)$ existe
- $\lim\limits_{(x,y)\to(a,b)} f(x,y)$ existe
- $\lim\limits_{(x,y)\to(a,b)} f(x,y) = f(a,b)$

Una función es continua en su dominio $\mathbb{D}$, si es continua en cada punto de su dominio.

Las siguientes funciones en dos variables son continuas en su dominio $\mathbb{D} \subseteq \mathbb{R}^2$.

- Polinomios y Racionales
- Exponenciales y Logarítmicas
- Trigonométricas y sus Inversas
- Hiperbólicas

Ejercicio 2: Determine la región donde las siguientes funciones son continuas.

a. $f(x, y) = \dfrac{2xy + 1}{x^2 + y^2}$.

Esta función se indefine sólo cuando su denominador $x^2 + y^2 = 0$.

Por lo que f es continua en $\mathbb{R}^2 - \{0, 0\}$.

b. $g(x, y) = \sin^{-1}(x^2 + y^2)$. El dominio de seno inverso es entre -1 y 1.

El dominio de g es $-1 \leqslant x^2 + y^2 \leqslant 1$, además $x^2 + y^2 \geqslant 0$.

La función es continua en $\mathbb{D} = \{((x, y) | 0 \leqslant x^2 + y^2 \leqslant 1\}$.

g es continua en un disco de radio 1 sin su circunferencia.

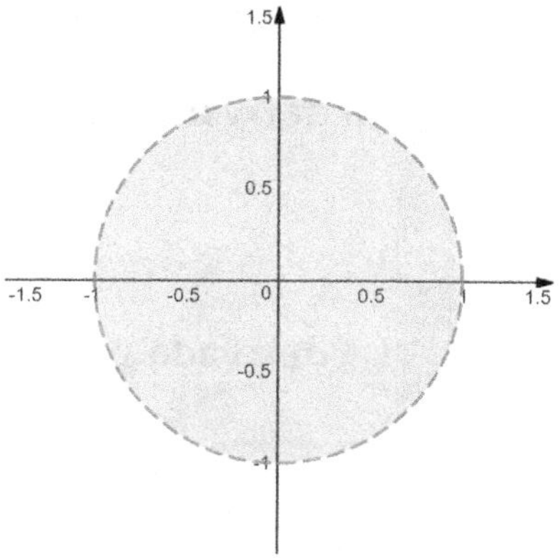

c. $h(x, y) = \dfrac{1}{y^2 - 9x^2}$

4. Derivadas Parciales (14.3)

Para una función de una variable, $y = f(x)$, la definición de la función derivada $f'(x)$ es:

$$f'(x) = \lim_{h \to 0} \frac{f(x+h) - f(x)}{h}$$

Se puede encontrar la derivada de una función de dos variables $z = f(x, y)$, pero en este caso hay más de una derivada: una con respecto a la variable x, denotada como $f_x(x, y)$, y otra respecto a la variable y, denotada como $f_y(x, y)$.

Derivadas Parciales de *z=f(x,y)*

La **derivada parcial de** f **con respecto a** x, f_x es:

$$f_x(x, y) = \lim_{h \to 0} \frac{f(x+h, y) - f(x, y)}{h}$$

La **derivada parcial de** f **con respecto a** y, f_y es:

$$f_y(x, y) = \lim_{h \to 0} \frac{f(x, y+h) - f(x, y)}{h}$$

siempre que cada límite exista.

Estas funciones se conocen como las **derivadas parciales** de f.

Observe que cuando se calcula una derivada parcial, sólo una variable cambia mientras que la otra permanece constante.

Procedimiento para encontrar derivadas parciales

- Para encontrar f_x trate a y como *una constante* y derive f con respecto a x.
- Para encontrar f_y trate a x como *una constante* y derive f con respecto a y.

Las derivadas parciales de una función se pueden encontrar utilizando las reglas de derivación para funciones de una variable.

Ejercicio 1: Encuentre las derivadas parciales de las siguientes funciones.

a. $f(x,y) = 2x^2 + 3xy$

Trate a y como una constante	$f_x(x,y) = 4x + 3y$
Trate a x como una constante	$f_y(x,y) = 0 + 3x$

b. $g(x,y) = (x^2+1)^3 + (y^4-4)^4 + 5x^2y^3$

Trate a y como una constante	$g_x(x,y) = 6x(x^2+1)^2 + 0 + 10xy^3$
Trate a x como una constante	$g_y(x,y) = 0 + 16y^3(y^4-4)^3 + 0 + 15x^2y^2$

c. $h(t,u) = \dfrac{t^2+10}{u^4+4} = (t^2+10)(u^4+4)^{-1}$ No es necesario utilizar la regla del cociente

$$h_t(t,u) = \frac{2t}{u^4+4}$$

$$g_y(x,y) = -(t^2+10)4u^3(u^4+4)^{-2} = -\frac{4u^3(t^2+10)}{(u^4+4)^2}$$

Se utilizan las siguientes notaciones para denotar las derivadas parciales de f.

Derivada parcial de f ó z

Respecto a x	Respecto a y
$f_x(x,y)$	$f_y(x,y)$
$\dfrac{\partial}{\partial x}f(x,y)$	$\dfrac{\partial}{\partial y}f(x,y)$
$\dfrac{\partial z}{\partial x}$	$\dfrac{\partial z}{\partial y}$

Derivada parcial de f ó z evaluada en (a,b)

Respecto a x	Respecto a y
$f_x(a,b)$	$f_y(a,b)$
$\left.\dfrac{\partial f}{\partial x}\right\vert_{(a,b)}$	$\left.\dfrac{\partial f}{\partial y}\right\vert_{(a,b)}$
$\left.\dfrac{\partial z}{\partial x}\right\vert_{x=a,\ y=b}$	$\left.\dfrac{\partial z}{\partial y}\right\vert_{x=a,\ y=b}$

Utilice el símbolo ∂ para distinguir entre una derivada parcial $\dfrac{\partial y}{\partial x}$ y una ordinaria.

Reglas de Derivación para Derivadas Parciales

Se tienen las mismas reglas que para las derivadas de funciones de una variable.

Suma: $$\frac{\partial}{\partial x}\Big[\, f(x,y) + g(x,y)\Big] = f_x(x,y) + g_x(x,y)$$

Múltiplo constante: $$\frac{\partial}{\partial x}\Big(\, cf(x,y)\Big) = cf_x(x,y)$$

Producto: $$\frac{\partial}{\partial x}\Big[\, f(x,y)g(x,y)\Big] = \frac{\partial f}{\partial x} g \,+\, f\frac{\partial g}{\partial x}$$

Cociente: $$\frac{\partial}{\partial x}\left(\frac{f(x,y)}{g(x,y)}\right) = \frac{f_x g - f g_x}{g^2}$$

Cadena: $$\frac{\partial}{\partial x} f[\,(g(x,y)\,] = f_x[g(x,y)]\; g_x(x,y)$$

Ejercicio 2: Encuentre las derivadas parciales de las siguientes funciones.

a. $f(x,y) = \ln(2x^4 - 3y^4)$ Use la regla de la cadena.

$$\frac{\partial f}{\partial x} = \frac{1}{2x^4 - 3y^4}\frac{\partial}{\partial x}(2x^4 - 3y^4) = \frac{8x^3}{2x^4 - 3y^4}$$
$$\frac{\partial f}{\partial y} = \frac{1}{2x^4 - 3y^4}\frac{\partial}{\partial y}(2x^4 - 3y^4) = \frac{-12y^3}{2x^4 - 3y^4}$$

b. $g(x,y) = x^2y^3\tan(x+3y)$ Use la regla del producto.

$$g_x(x,y) = 2xy^3\tan(x+3y) + x^2y^3\sec^2(x+3y)$$
$$g_y(x,y) = 3x^2y^2\tan(x+3y) + 3x^2y^3\sec^2(x+3y)$$

c. $h(r,\theta) = \sin(2r\cos\theta) + \tan^{-1}(4r)$

$$h_r(r,\theta) = 2\cos(\theta)\cos(2r\cos\theta) + \frac{4}{1+(4r)^2}$$
$$h_\theta(r,\theta) = -2r\sin(\theta)\cos(2r\cos\theta) + 0$$

d. $p(u,w) = e^{u+u^2w^3}$

$$p_u(u,w) = (1+2uw^3)e^{u+u^2w^3}$$
$$p_w(u,w) = 3u^2w^2e^{u+u^2w^3}$$

Derivadas parciales para funciones de más de 2 variables

El concepto de derivada parcial se puede ampliar para encontrar las derivadas parciales de funciones de más de 2 variables. Siempre hay que tener presente que al derivarse respecto a una variable, el resto de variables se tratan como *"constantes."*

Derivadas parciales de *f(x,y,z)*

Una función de tres variables $f(x, y, z)$ tiene tres derivadas parciales.

- $\dfrac{\partial f}{\partial x}$ se tratan a y, z como constantes y se deriva f con respecto a x.
- $\dfrac{\partial f}{\partial y}$ se tratan a x, z como constantes y se deriva f con respecto a y.
- $\dfrac{\partial f}{\partial z}$ se tratan a x, y como constantes y se deriva f con respecto a z.

Las n derivadas parciales de una función de n variables se determinan de manera similar. Para encontrar f_{x_i} se deriva sólo con respecto a x_i y las otras se tratan como constantes.

Ejercicio 3: Encuentre las derivadas parciales de las siguientes funciones.

a. $f(x, y, z) = \sqrt[4]{x^4 + 8xz + 2y^2}$

$$\begin{aligned} f_x(x, y, z) &= (x^3 + 2z)\,(x^4 + 8xz + 2y^2)^{-3/4} \\ f_y(x, y, z) &= y\,(x^4 + 8xz + 2y^2)^{-3/4} \\ f_z(x, y, z) &= 2x\,(x^4 + 8xz + 2y^2)^{-3/4} \end{aligned}$$

b. $h(w, x, y, z) = wx^2y^3z^4 + \ln(x + w^2)\sec(y^3 + z^4)$

$$\begin{aligned} h_w(w, x, y, z) &= x^2y^3z^4 + \frac{2w\sec(y^3 + z^4)}{x + w^2} \\ h_x(w, x, y, z) &= 2wxy^3z^4 + \frac{\sec(y^3 + z^4)}{x + w^2} \\ h_y(w, x, y, z) &= 3wx^2y^2z^4 + 3y^2\ln(x + w^2)\sec(y^3 + z^4)\tan(y^3 + z^4) \\ h_z(w, x, y, z) &= 4wx^2y^3z^3 + 4z^3\ln(x + w^2)\sec(y^3 + z^4)\tan(y^3 + z^4) \end{aligned}$$

c. $g(x,y,z) = e^{2x}\sqrt{y^2+6z} = e^{2x}(y^2+6z)^{1/2}$

$$\begin{aligned} g_x &= 2e^{2x}\sqrt{y^2+6z} \\ g_y &= ye^{2x}(y^2+6z)^{-1/2} = \frac{ye^{2x}}{\sqrt{y^2+6z}} \\ g_z &= 3e^{2x}(y^2+6z)^{-1/2} = \frac{3e^{2x}}{\sqrt{y^2+6z}} \end{aligned}$$

d. $P(r,\theta,\phi) = r\tan(\phi^2 - 4\theta)$

$$\begin{aligned} P_r &= \tan(\phi^2 - 4\theta) \\ P_\theta &= -4r\sec^2(\phi^2 - 4\theta) \\ P_\phi &= 2\phi\sec^2(\phi^2 - 4\theta) \end{aligned}$$

e. $u = \sec(aw - bx^2 + 2cy^3 - 3dz^4)$

$$\begin{aligned} u_w &= a\sec(aw - bx^2 + 2cy^3 - 3dz^4)\tan(aw - bx^2 + 2cy^3 - 3dz^4) \\ u_x &= -2bx\sec(aw - bx^2 + 2cy^3 - 3dz^4)\tan(aw - bx^2 + 2cy^3 - 3dz^4) \\ u_y &= 6cy^2\sec(aw - bx^2 + 2cy^3 - 3dz^4)\tan(aw - bx^2 + 2cy^3 - 3dz^4) \\ u_z &= -12dz^3\sec(aw - bx^2 + 2cy^3 - 3dz^4)\tan(aw - bx^2 + 2cy^3 - 3dz^4) \end{aligned}$$

Derivadas Parciales de Orden Superior

En una función de dos variables $f(x,y)$, sus derivadas parciales $f_x(x,y)$ y $f_y(x,y)$ también son funciones de dos variables, las cuales también tienen derivadas parciales.

Las cuatro **Segundas derivadas parciales de f(x,y)** se obtienen al derivar ambas derivadas parciales f_x y f_y respecto a x y a y.

$$f_{xx} = \frac{\partial^2 f}{\partial x^2} \qquad f_{xy} = \frac{\partial}{\partial y}\left(\frac{\partial f}{\partial x}\right)$$

$$f_{yy} = \frac{\partial^2 f}{\partial y^2} \qquad f_{yx} = \frac{\partial}{\partial x}\left(\frac{\partial f}{\partial y}\right)$$

Ejercicio 4: Encuentre las segundas derivadas parciales de las siguientes funciones.

a. $f(x, y) = \sin(mx + ny)$

Primeras Parciales	$f_x = m\cos(mx + ny)$	$f_y = n\cos(mx + ny)$
Segundas Parciales	$f_{xx} = -m^2\sin(mx + ny)$	$f_{xy} = -mn\sin(mx + ny)$
	$f_{yx} = -nm\sin(mx + ny)$	$f_{yy} = -n^2\sin(mx + ny)$

Note que las derivadas parciales cruzadas son iguales entre sí $f_{xy} = f_{yx}$.

b. $z(x, y) = \cosh(2xy)$

Primeras Parciales	$z_x = 2y\sinh(2xy)$	$f_y = 2x\sinh(2xy)$

Para calcular las derivadas cruzadas z_{xy}, z_{yx} utilice la regla del producto.

Segundas Parciales

$$z_{xx} = 4y^2\cosh(2xy)$$
$$z_{yy} = 4x^2\cosh(2xy)$$
$$z_{xy} = 2\sinh(2xy) + 4yx\cosh(2xy)$$
$$z_{yx} = 2\sinh(2xy) + 4yx\cosh(2xy)$$

Las derivadas parciales cruzadas son iguales $f_{xy} = f_{yx}$ siempre que f sea diferenciable.

Teorema de Clairaut

Si f, f_x y f_y son diferenciables en un disco D que contiene al punto (a, b), entonces las derivadas cruzadas son iguales

$$f_{yx}(a, b) = f_{xy}(a, b)$$

Para encontrar las terceras derivadas parciales de f, como en los siguientes ejemplos

$$f_{xxx} = \frac{\partial^3 f}{\partial x^3}, \qquad f_{yyx} = \frac{\partial^3 f}{\partial x \partial y^2}, \qquad f_{xyz} = \frac{\partial^3 f}{\partial z \partial y \partial x},$$

se deriva parcialmente la función f respecto a cada una de las variables.

En este caso las derivadas parciales cruzadas son iguales como en $f_{xyy} = f_{yxy} = f_{yyx}$.

Interpretación geométrica de las derivadas parciales

En la figura izquierda se muestra la superficie $z = f(x, y)$ y el plano $y = b$.
La intersección entre el plano $y = b$ y la superficie $z = f(x, y)$ es la curva $z = f(x, b)$.
Como b es constante, la curva $z = f(x, b)$ es una función de una sóla variable x.

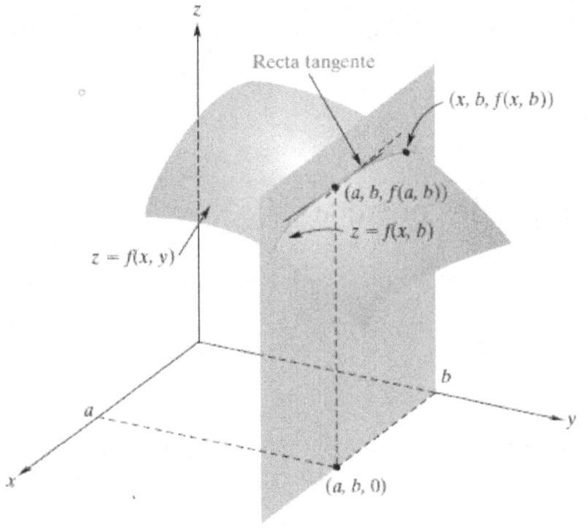

Derivada parcial respecto a x

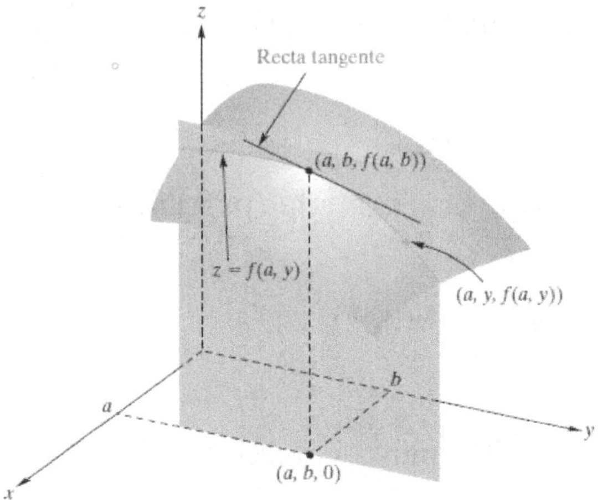

Derivada parcial respecto a y

La pendiente de la recta tangente a esta curva en (a, b) se calcula como:

$$f_x(a, b) = \lim_{h \to 0} \frac{f(a + h, b) - f(a, b)}{h}$$

la cual es la derivada parcial de f con respecto a x en (a, b), $f_x(a, b)$.

Interpretación Geométrica de la derivada parcial:

La derivada parcial de f respecto a x, $f_x(a, b)$, es la pendiente de la recta tangente a la gráfica de f en el punto $(\ a, b, f(a, b)\ )$ en la dirección de x.

En la figura derecha, se observa que la intersección entre la superficie $z = f(x, y)$ y el plano $x = a$ es la curva $z = f(a, y)$, la cual sólo está en función de y.
La pendiente de la tangente a esta curva en (a, b) es: $f_y(a, b)$.

La derivada parcial de f respecto a y, $f_y(a, b)$, es la pendiente de la recta tangente a la gráfica de f en el punto $(\ a, b, f(a, b)\ )$ en la dirección de y.

5. Planos Tangentes (14.4)

Planos Tangentes

Sea $P(x_o, y_o, z_o)$ un punto en la superficie S.

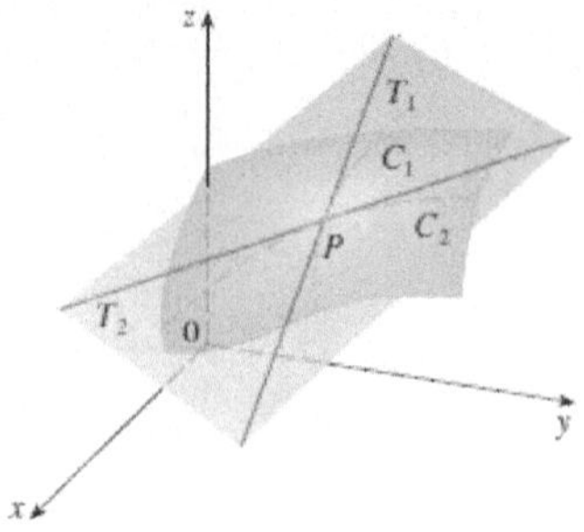

T_1 y T_2 son rectas tangentes a la superficie en (x_o, y_o), cada una de ellas con pendientes $f_x(x_o, y_o)$ y $f_y(x_o, y_o)$.

El plano tangente a S contiene ambas tangentes

$$z - z_o = a(x - x_o) + b(y - y_o) \; .$$

Como el plano es tangente a la superficie, al derivar el plano respecto a x, su pendiente debe ser igual a la derivada parcial de f respecto a x evaluada en el punto (x_o, y_o).

$$\frac{\partial z}{\partial x} = a = f_x(x_o, y_o)$$

Derive el plano respecto a y e iguale esta pendiente con $f_y(x_o, y_o)$.

$$\frac{\partial z}{\partial y} = b = f_y(x_o, y_o)$$

> Suponga que las derivadas parciales de f son continuas. La ecuación del plano tangente a la superficie $z = f(x, y)$ en el punto $P(x_o, y_o, z_o)$ es:
>
> $$z - z_o = f_x(x_o, y_o)(x - x_o) + f_y(x_o, y_o)(y - y_o)$$

Ejercicio 1: Encuentre el plano tangente a la superficie $z = \ln(x - 2y)$ *en el punto* $(3, 1, 0)$.

Derivadas Parciales:	$z_x = \dfrac{1}{x - 2y}$	$z_y = \dfrac{-2}{x - 2y}$
Pendientes Rectas Tangentes:	$z_x(3, 1) = \dfrac{1}{3 - 2} = 1$	$z_y = \dfrac{-2}{3 - 2} = -2$
Ecuación Plano Tangente:	$z - 0 = 1(x - 3) - 2(y - 1)$	$O \quad z = x - 2y - 1$

Aproximaciones Lineales

El plano tangente puede aproximar los valores de $z = f(x, y)$ cerca del punto (x_o, y_o, z_o). El plano tangente a $z = f(x, y)$ es la aproximación lineal o linearización de f en (x_o, y_o).

> La **Linearización de f** en (x_o, y_o), denotada como $L(x, y)$, es la siguiente función lineal en dos variables:
>
> $$L(x, y) \; = \; f(x_o, y_o) + f_x(x_o, y_o)(x - x_o) + f_y(x_o, y_o)(y - y_o)$$

Ejercicio 2: Considere la función $f(x,y)=\sqrt{2x+2e^y}$.

a. Encuentre la aproximación lineal de $f(x,y)$ en el punto $(7,0)$.

$$f(7,0)=\sqrt{14+2}=4$$

$$f_x(x,y)=\frac{1}{\sqrt{2x+2e^y}} \qquad f_x(7,0)=\frac{1}{\sqrt{16}}=\frac{1}{4}$$

$$f_y(x,y)=\frac{e^y}{\sqrt{2x+2e^y}} \qquad f_y(7,0)=\frac{1}{\sqrt{16}}=\frac{1}{4}$$

$$L(x,y)=4+\frac{1}{4}(x-7)+\frac{y}{4}$$

b. Utilice la aproximación lineal para aproximar el valor de $\sqrt{16+2e}$.

$$f(8,1)=\sqrt{16+2e}\approx L(8,1)=4+0.25+0.25=4.5$$

$$\sqrt{16+2e}\approx 4.5$$

Observe que $\sqrt{16+2e}\approx 4.62$, por lo que se obtiene una buena aproximación con 4.5.

Ejercicio 3: Encuentre la aproximación lineal de $g(x,y) = 1+x\ln(xy-5)$ *en el punto* $(2,3)$.

$$g(2,3)=1+2\ln(1)=1$$

$$g_x(x,y)=\ln(xy-5)+\frac{xy}{(xy-5} \qquad g_x(2,3)=\ln(1)+\frac{6}{1}=6$$

$$g_y(x,y)=\frac{x^2}{xy-5} \qquad g_y(2,3)=\frac{4}{1}=4$$

$$L(x,y)=1+6(x-2)+4(y-3)$$

Observación: para tener una mejor aproximación, se deben seleccionar puntos (x,y) más cercanos al punto (x_o,y_o) .

6. Derivación Parcial Implícita (14.4)

Forma Explícita de una función: La variable dependiente z está expresada en términos de las variables independientes, $z = f(x, y)$.

Ejemplos de formas explícitas:

$$z = 4x^2 + 9y^2, \qquad z = \sqrt{4 - w^2 - x^2 - y^2} + \ln(w^4 + x^4 + y^4 + 1)$$

Forma Implícita de una función: La ecuación no necesariamente define a la variable dependiente como función de las variables independientes.

Ejemplos de formas implícitas:

$$z^2 - x^2 - 4y^2 = 0, \qquad \ln(x + y + z) + xyz = ze^{x+y+z} + \ln(w^4 + x^4 + y^4 + 1)$$

En algunos casos es posible reescribir la forma implícita de una función $F(x, y, z) = 0$ como una forma explícita $z = f(x, y)$.

Por ejemplo, $z^2 - x^2 - 4y^2 = 0$ se puede escribir como dos funciones en z, $z = \pm\sqrt{x^2 + 4y^2}$.

Para encontrar la derivada parcial $\dfrac{\partial z}{\partial x}$, se derivan ambos lados de la ec. respecto a x, la otra variable independiente y se trata como una constante, es decir $\dfrac{\partial y}{\partial x} = 0$.

El mismo procedimiento se utiliza para encontrar la derivada parcial $\dfrac{\partial z}{\partial y}$, se deriva respecto a y y x se mantiene constante.

Por ejemplo, encuentre las primeras derivadas parciales de $z^2 - x^2 - 4y^2 = 0$.

Derive ambos lados respecto a x :
$$\frac{\partial}{\partial x}(z^2 - x^2 - 4y^2) = \frac{\partial}{\partial x}(0)$$
$$2z\frac{\partial z}{\partial x} - 2x - 0 = 0$$

Resuelva para $\dfrac{\partial z}{\partial x}$:
$$\frac{\partial z}{\partial x} = \frac{2x}{2z} = \frac{x}{z}$$

El mismo procedimiento se repite para encontrar la derivada parcial de z respecto a y.

Derive ambos lados respecto a y :
$$\frac{\partial}{\partial y}(z^2 - x^2 - 4y^2) = \frac{\partial}{\partial y}(0)$$
$$2z\frac{\partial z}{\partial y} - 0 - 8y = 0$$

Resuelva para $\dfrac{\partial z}{\partial y}$:
$$\frac{\partial z}{\partial y} = \frac{8y}{2z} = \frac{4y}{z}$$

El método que se utiliza para encontrar las derivadas parciales de una ecuación con forma implícita se conoce como **Derivación Parcial Implícita.**

Derivación parcial implícita abreviada

Una función de dos variables en forma implícita tiene la siguiente forma general.

$$F(\,x, y, z(x, y)\,) \;=\; \text{constante}$$

Utilice la regla de la cadena para encontrar las derivadas parciales de z.

Derive F parcialmente respecto a x.

$$\frac{\partial F}{\partial x} + \frac{\partial F}{\partial z}\frac{\partial z}{\partial x} + 0 = 0$$
$$\frac{\partial z}{\partial x} = -\frac{F_x}{F_z}$$

Derive F parcialmente respecto a y.

$$\frac{\partial F}{\partial y} + 0 + \frac{\partial F}{\partial z}\frac{\partial z}{\partial y} = 0$$
$$\frac{\partial z}{\partial y} = -\frac{F_y}{F_z}$$

Estas derivadas parciales conforman el Teorema de la Función Implícita.

Teorema de la Función Implícita

Si $F(x, y, z) \;=\; C$ es diferenciable en $x,\ y$ & z y $F_z(x, y, z) \neq 0,$ entonces las primeras derivadas parciales de z existen y son:

$$\frac{\partial z}{\partial x} = -\frac{F_x}{F_z} \qquad\qquad \frac{\partial z}{\partial y} = -\frac{F_y}{F_z}$$

Con este mismo teorema se puede encontrar la derivada para una función implícita de una variable $F(x, y(x)) \;=\; C.$

Derive F parcialmente respecto a x y resuelva para $dy/dx.$

$$\frac{\partial F}{\partial x} + 0 + \frac{\partial F}{\partial y}\frac{dy}{dx} = 0$$
$$\frac{dy}{dx} = -\frac{F_x}{F_y}$$

Derivación Implícita función de una variable

Si $F(x, y) \;=\; C$ es diferenciable en $x,\ y$ & $F_y(x, y) \neq 0,$ entonces dy/dx es:

$$\frac{dy}{dx} = -\frac{F_x}{F_y}$$

Ejercicio 1: Encuentre las primeras derivadas parciales de z.

a. $\ln z + 9z - xy \; = \; 1$

$$
\begin{aligned}
F_x &= -y \\
F_y &= -x \\
F_z &= z^{-1} + 9 \\
\frac{\partial z}{\partial x} &= -\frac{F_x}{F_z} = \frac{x}{z^{-1}+9} \\
\frac{\partial z}{\partial x} &= -\frac{F_x}{F_z} = \frac{y}{z^{-1}+9}
\end{aligned}
$$

b. $z^2 + 6\sin(x+y^2) \; + \; \sqrt{z^4+5} \; = \; 2$

$$
\begin{aligned}
F_x &= 6\cos(x+y) \\
F_y &= 12y\cos(x+y) \\
F_z &= 2z + 2z^3(z^4+5)^{-1/2} \\
\frac{\partial z}{\partial x} &= -\frac{F_x}{F_z} = \frac{-6\cos(x+y)}{2z+2z^3(z^4+5)^{-1/2}} \\
\frac{\partial z}{\partial x} &= -\frac{F_x}{F_z} = \frac{-12y\cos(x+y)}{2z+2z^3(z^4+5)^{-1/2}}
\end{aligned}
$$

Ejercicio 2: Evalúe las derivadas parciales indicadas para los valores dados de las variables.

a. $e^{yz} = -xyz, \qquad \frac{\partial z}{\partial x}, \quad x = -\frac{e^2}{2}, \; y = 1, \; z = 2.$

Reescriba la función implícita de la forma $F(x,y,z) = 0$

$$
\begin{aligned}
F &= e^{yz} + xyz \\
F_x &= yz \\
F_z &= ye^{yz} + xy \\
\frac{\partial z}{\partial x} &= -\frac{F_x}{F_z} = \frac{-yz}{ye^{yz}+xy}
\end{aligned}
$$

Evalúe la derivada parcial en el punto $(-0.5e^2, 1, 2)$.

$$
\frac{\partial z}{\partial x} = \frac{-2}{e^2 - 0.5e^2} = -\frac{4}{e^2}
$$

Sin la derivación implícita abreviada, es necesario utilizar la regla del producto con cuidado para derivar yz & xyz respecto a x.

$$\frac{\partial}{\partial x}(yz) = y\frac{\partial z}{\partial x} \qquad \frac{\partial}{\partial x}(xyz) = \frac{\partial z}{\partial x}yz + xy\frac{\partial z}{\partial x}$$

b. $\ln(x+y+z) + xyz + ze^x = 0, \quad \dfrac{\partial z}{\partial y}, \quad x = z = 0, \;\; y = 1.$

$$F_y = \frac{1}{x+y+z} + xz \qquad F_y(0,1,0) = \frac{1}{1} + 0 = 1$$

$$F_z = \frac{1}{x+y+z} + xy + e^x \qquad F_y(0,1,0) = \frac{1}{1} + 1 = 2$$

$$\frac{\partial z}{\partial y} = -\frac{F_y}{F_z} = -\frac{1}{2}$$

Ejercicio 3: La función de costos $C(x,y)$ para dos productos x y y se define como:

$$C + 12\sqrt{C} + 54 = 12 + 5x\sqrt{9+y^2}$$

Encuentre los costos marginales parciales cuando $x = 6, \;\; y = 4, \;\; C = 36$.

Los costos marginales son las derivadas parciales de C respecto a x & a y.

$$F(x,y,C) = C + 12\sqrt{C} - 5x\sqrt{9+y^2} + 42 = 0$$

$$F_x = -5\sqrt{9+y^2} \qquad F_x(6,4,36) = -5\sqrt{25} = -25$$

$$F_y = -\frac{5xy}{\sqrt{9+y^2}} \qquad F_y(6,4,36) = -\frac{30(4)}{5} = -24$$

$$F_C = 1 + \frac{6}{\sqrt{C}} \qquad F_C(6,4,36) = 1 + \frac{6}{6} = 2$$

$$\frac{\partial C}{\partial x} = -\frac{F_x}{F_C} = \frac{25}{2} = 12.5 \qquad \frac{\partial C}{\partial y} = -\frac{F_y}{F_C} = \frac{24}{2} = 12$$

Ejercicio 4: Encuentre la derivada de y respecto a x .

a. $e^y \sin(x) - x + xy = 20$

$$\frac{dy}{dx} = -\frac{F_x}{F_z} = -\frac{e^y\cos(x) + y}{e^y\sin(x) + x}$$

b. $y\cos x = x^3 + \sec(y^2)$

Reescriba la ec. implícita como $F(x,y) = x^3 + \sec(y^2) - y\cos x = 0$.

$$\frac{dy}{dx} = -\frac{F_x}{F_y} = -\frac{3x^2 + y\sin x}{2y\sec(y^2)\tan(y^2) - \cos x}$$

7. Regla de la Cadena (14.5)

Si $y = f(x)$ & $x = g(t)$, entonces $y = f(\,g(t)\,)$ también es una función de t.

Por la regla de la cadena

$$\begin{array}{ccc} \dfrac{dy}{dt} & = & \dfrac{dy}{dx}\dfrac{dx}{dt} \\ y & \rightarrow & x \rightarrow t \end{array}$$

La regla de la cadena se puede generalizar para funciones de varias variables.

Caso 1: Sea $z = f(x,y)$, $x = g(t)$, $y = h(t)$. Las variables x, y se conocen como variables intermedias porque z es función de x, y y éstas a su vez son funciones de t.

Si las tres funciones son derivables, la derivada de $z = f(x(t), y(t))$ respecto a t es:

$$\frac{dz}{dt} = \frac{\partial z}{\partial x}\frac{dx}{dt} + \frac{\partial z}{\partial y}\frac{dy}{dt}$$

Los diagramas de árboles son útiles para construir la regla de la cadena para los diferentes casos.

Se dibujan flechas desde la variable dependiente z, las variables intermedias x, y, hasta las variables independientes t.

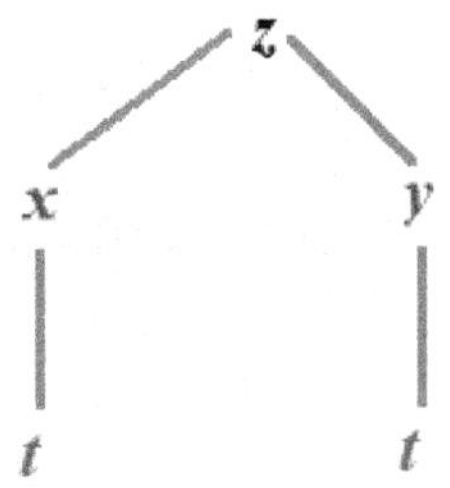

Para cada trayecto de z a t se utiliza la regla de la cadena.

Trayecto 1:	Trayecto 2:
$z \rightarrow x \rightarrow t$	$z \rightarrow y \rightarrow t$
$\dfrac{\partial z}{\partial x}\ \dfrac{dx}{dt}$	$\dfrac{\partial z}{\partial y}\ \dfrac{dy}{dt}$

Sume todos los trayectos para encontrar que:

$$\frac{dz}{dt} = \frac{\partial z}{\partial x}\frac{dx}{dt} + \frac{\partial z}{\partial y}\frac{dy}{dt}$$

Caso 2: Sea $z = f(x,y)$, $x = g(s,t)$, $y = h(s,t)$.

Variable dependiente: z, Variables intermedias: x, y, Variables independientes: s, t.

Usando el diagrama de árbol

$$\frac{\partial z}{\partial s} = \frac{\partial z}{\partial x}\frac{\partial x}{\partial s} + \frac{\partial z}{\partial y}\frac{\partial y}{\partial s}$$

$$\frac{\partial z}{\partial t} = \frac{\partial z}{\partial x}\frac{\partial x}{\partial t} + \frac{\partial z}{\partial y}\frac{\partial y}{\partial t}$$

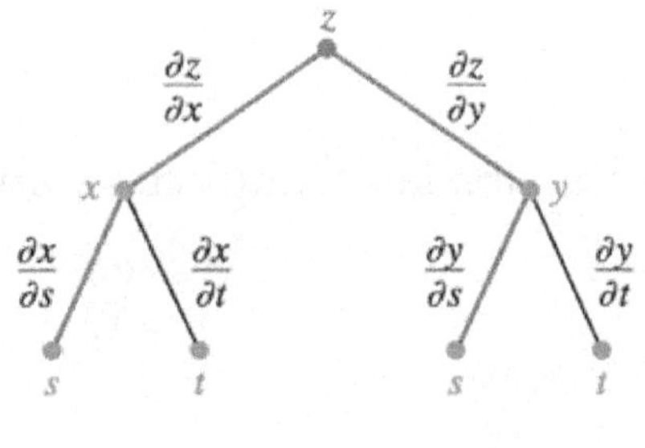

Ejercicio 1: Suponga que $z = f(u, v, w)$ *y que* u, v, w *son funciones de* t.
Trace el diagrama de árbol y encuentre la derivada de z *respecto a* t.

Variable dependiente:		z	
Variables intermedias:	u	v	w
Variables independiente:		t	

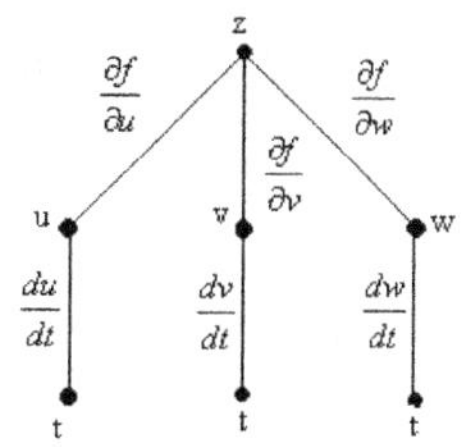

$$\frac{dz}{dt} = \frac{\partial z}{\partial u}\frac{du}{dt} + \frac{\partial z}{\partial v}\frac{dv}{dt} + \frac{\partial z}{\partial w}\frac{dw}{dt}$$

Ejercicio 2: Suponga que $z = f(u, v, w)$ *y que* u, v, w *son funciones de* r, s, t.
Traze el diagrama de árbol y encuentre las derivadas parciales de z *respecto a* r, s, t.

$$\frac{\partial z}{\partial r} = \frac{\partial z}{\partial u}\frac{\partial u}{\partial r} + \frac{\partial z}{\partial v}\frac{\partial v}{\partial r} + \frac{\partial z}{\partial w}\frac{\partial w}{\partial r}$$
$$\frac{\partial z}{\partial s} = \frac{\partial z}{\partial u}\frac{\partial u}{\partial s} + \frac{\partial z}{\partial v}\frac{\partial v}{\partial s} + \frac{\partial z}{\partial w}\frac{\partial w}{\partial s}$$
$$\frac{\partial z}{\partial t} = \frac{\partial z}{\partial u}\frac{\partial u}{\partial t} + \frac{\partial z}{\partial v}\frac{\partial v}{\partial t} + \frac{\partial z}{\partial w}\frac{\partial w}{\partial t}$$

Ejercicio 3: Encuentre las derivadas parciales indicadas para la función dada.

a. Sea $w = \sqrt{x^2 + y^2}$, $x = p^2 - q^3 + r - 1$, $y = \ln(p) + e^q + e^{\ln r}$, encuentre $\left.\frac{\partial w}{\partial p}\right|_{(p=1,q=0,r=3)}$.

Primero, encuentre los valores de x & y para $p = 1, q = 0, r = 3$.

$$x(1, 0, 3) = 1 - 0 + 3 - 1 = 3$$
$$y(1, 0, 3) = \ln(1) + 1 + 3 = 4$$

Utilice la regla de la cadena.

$$\frac{\partial w}{\partial p} = \frac{\partial w}{\partial x}\frac{\partial x}{\partial p} + \frac{\partial w}{\partial y}\frac{\partial y}{\partial p}$$
$$\frac{\partial w}{\partial p} = \frac{x}{\sqrt{x^2 + y^2}}(2p) + \frac{y}{\sqrt{x^2 + y^2}}\frac{1}{p}$$
$$\left.\frac{\partial w}{\partial p}\right|_{(p=1,q=0,r=3)} = \frac{3(2)}{\sqrt{25}} + \frac{4(1)}{\sqrt{25}} = \frac{6 + 4}{5} = 2$$

b. Sea $h = 4 - t^2$, $t = 2a + 3b + 4c$, encuentre $\left.\dfrac{\partial h}{\partial b}\right|_{(a=4,b=2,c=3)}$.

Encuentre el valor de t antes de derivar.

$$\begin{aligned}
t(4,2,3) &= 8 + 6 + 12 = 26\\
\frac{\partial h}{\partial b} &= \frac{dh}{dt}\frac{\partial t}{\partial b} = -2t(3)\\
\left.\frac{\partial h}{\partial b}\right|_{(a=4,b=2,c=3)} &= -52 \cdot 3 = -156
\end{aligned}$$

También se puede reescribir h como una función de tres variables.

$$\begin{aligned}
h(a,b,c) &= 4 - (2a + 3b + 4c)^2\\
h_b(a,b,c) &= -6(2a + 3b + 4c) = -6t\\
h_b(4,2,3) &= -6(26) = -156
\end{aligned}$$

c. Sea $w = \ln(xyz)$, $x = r^2 - s^2$, $y = rs$, $z = r^2 + s^2$, encuentre $\dfrac{\partial w}{\partial r}$.

$$\begin{aligned}
w &= \ln(xyz) = \ln(x) + \ln(y) + \ln(z)\\
\frac{\partial w}{\partial r} &= \frac{\partial w}{\partial x}\frac{\partial x}{\partial r} + \frac{\partial w}{\partial y}\frac{\partial y}{\partial r} + \frac{\partial w}{\partial z}\frac{\partial z}{\partial r}\\
\frac{\partial w}{\partial r} &= \frac{2r}{s} + \frac{s}{y} + \frac{2r}{s}
\end{aligned}$$

d. Sea $u = \ln(x^2 + y^2 - z)$, $x = 2t$, $y = t^3$, $z = 16 - 2t^2$, encuentre $\left.\dfrac{du}{dt}\right|_{t=2}$.

Encuentre los valores de x, y z, cuando $t = 2$.

$$\begin{aligned}
x(2) = 4, \qquad y(2) &= 8, \qquad z(2) = 16 - 8 = 8\\
\frac{du}{dt} &= \frac{\partial u}{\partial x}\frac{dx}{dt} + \frac{\partial u}{\partial y}\frac{dy}{dt} + \frac{\partial u}{\partial z}\frac{dz}{dt}\\
\frac{du}{dt} &= \frac{4x}{x^2 + y^2 - z} + \frac{6yt^2}{x^2 + y^2 - z} + \frac{4t}{x^2 + y^2 - z}\\
\frac{du}{dt} &= \frac{4x + 6yt^2 + 4t}{x^2 + y^2 - z}\\
\left.\frac{du}{dt}\right|_{t=2} &= \frac{16 + 6(8)(4) + 8}{16 + 64 - 8} = \frac{216}{72} = 3
\end{aligned}$$

Ejercicio 4: El costo de producir x unidades del producto A & y unidades del producto B es:

$$C(x,y) = (3x^2 + y^3 + 4)^{1/3}$$

Las funciones de producción para cada producto son: $x = 10KL, \quad y = 5K^2 + 4L.$
Encuentre la razón de cambio de C respecto al capital y al trabajo.

Variable dependiente:	C	
Variables intermedias:	x	y
Variables independientes:	K, L	K, L

El diagrama de árbol tiene dos variables intermedias y dos independientes.

$$\frac{\partial C}{\partial K} = \frac{\partial C}{\partial x}\frac{\partial x}{\partial K} + \frac{\partial C}{\partial y}\frac{\partial y}{\partial K}$$

$$\frac{\partial C}{\partial K} = 2x(3x^2 + y^3 + 4)^{-2/3}\, 10L \; + \; y^2(3x^2 + y^3 + 4)^{-2/3}\, 10K$$

$$\frac{\partial C}{\partial L} = \frac{\partial C}{\partial x}\frac{\partial x}{\partial L} + \frac{\partial C}{\partial y}\frac{\partial y}{\partial L}$$

$$\frac{\partial C}{\partial L} = 2x(3x^2 + y^3 + 4)^{-2/3}\, 10K \; + \; y(3x^2 + y^3 + 4)^{-2/3}\, 4$$

Ejercicio 5: El costo (en Q) de producir x lapiceros negros e y azules es:

$$C(x,y) = \sqrt{xy}\,(4x + 6y) = 4x^{3/2}y^{1/2} + 6x^{1/2}y^{3/2}$$

Las funciones de oferta para cada lapicero son las siguientes:

$$x(p_1,p_2) = 16 - 2p_1^2 + p_2^4, \qquad y(p_1,p_2) = \sqrt{9 + 2p_1^2 - p_2^2}\,.$$

Encuentre la razón de cambio del costo respecto al primer precio cuando $p_1 = 2$ & $p_2 = 1$.

Encuentre los niveles de producción $x,\ y$ para los precios $p_1 = 2$ & $p_2 = 1$.

$$x(2,1) = 16 - 2(4) + 1 = 9, \qquad y(2,1) = \sqrt{9 + 2(4) - 1} = \sqrt{16} = 4$$

$$\frac{\partial C}{\partial p_1} = \frac{\partial C}{\partial x}\frac{\partial x}{\partial p_1} + \frac{\partial C}{\partial y}\frac{\partial y}{\partial p_1}$$

$$\frac{\partial C}{\partial p_1} = -4p_1(6x^{1/2}y^{1/2} + 3x^{-1/2}y^{3/2}) + \frac{2p_1}{\sqrt{9 + 2p_1^2 - p_2}}(2x^{3/2}y^{-1/2} + 9x^{1/2}y^{1/2})$$

$$\frac{\partial C}{\partial p_1} = -8\left(6(3)(2) + 3\frac{8}{3}\right) + \frac{4}{\sqrt{16}}\left(2\frac{27}{2} + 9(3)(2)\right)$$

$$\frac{\partial C}{\partial p_1} = -8(36 + 8) + 1(27 + 54) = -352 + 81 = -271$$

El costo disminuye en 271 Q cuando $p_1 = 2,\ p_2 = 1$ y p_1 aumenta en una unidad.

8. Derivadas Direccionales y el Vector Gradiente (14.6)

En una función de dos variables $z = f(x, y)$, las derivadas parciales f_x y f_y representan la razón de cambio de z en la dirección del eje-x & del eje-y, respectivamente.

Derivación Razón de Cambio de z en dirección de un vector u

Sea $\mathbf{u} = \langle a, b\rangle$ un vector unitario, es decir $|\mathbf{u}|^2 = a^2 + b^2 = 1$.

Considere las curvas de nivel de $z = f(x, y)$.

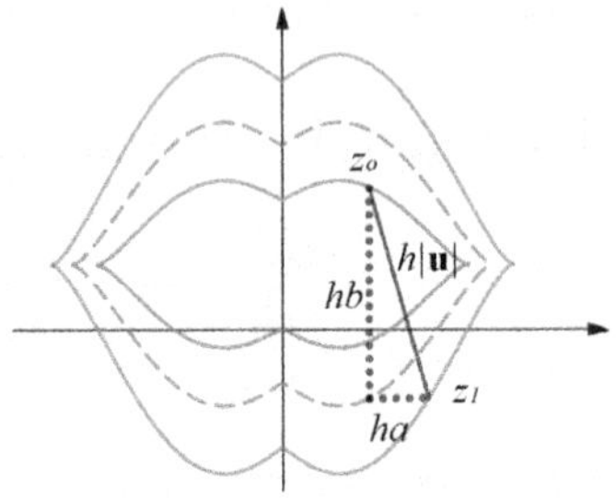

La razón promedio de cambio desde $z_0 = f(x_0, y_0)$ hasta $z_1 = f(x_1.y_1)$ sobre la distancia $d = h|\mathbf{u}| = h$ es:

$$\frac{\Delta z}{\Delta d} = \frac{z_1 - z_o}{h|\mathbf{u}|} = \frac{f(x_0 + ha, y_0 + hb) - f(x_0, y_0)}{h}$$

La razón instantánea de cambio de z respecto a la distancia d es el límite cuando $h \to 0$.

La razón instantánea de cambio también se conoce como la derivada direccional de f en la dirección de **u**.

> La **derivada direccional**, denotada como $D_u f(x_o, y_o)$, de f en el punto (x_0, y_0) en la dirección del vector unitario $\mathbf{u} = \langle a, b, \rangle$ es:
>
> $$D_u f(x_o, y_o) = \lim_{h\to 0} \frac{z_1 - z_o}{h|\mathbf{u}|} = \lim_{h\to 0} \frac{f(x_0 + ha, y_0 + hb) - f(x_0, y_0)}{h}$$

Observaciones:

- Si el vector **u** no es unitario, divídalo por la magnitud para volverlo unitario.
- Las derivadas parciales son casos especiales de la derivada direccional.

$$\mathbf{u} = \hat{\imath} = \langle 1, 0\rangle \qquad D_{\hat{\imath}} f = f_x$$
$$\mathbf{v} = \hat{\jmath} = \langle 0, 1\rangle \qquad D_{\hat{\jmath}} f = f_y$$

El cómputo de una derivada direccional se puede simplificar si se utilizan las derivadas parciales, para ello es necesario rescribir la expresión.

Sea $g(h) = f(x_0 + ha, y_0 + hb)$

Note que $\dfrac{dg(0)}{dh} = \lim\limits_{h\to 0} \dfrac{f(x_0 + ha, y_0 + hb) - f(x_0, y_0)}{h} = D_u f(x_0, y_0)$.

Utilice la regla de la cadena para derivar $g(h)$ respecto a h.

En este caso $x = x_0 + ah$ y $y = y_0 + bh$.

$$g'(h) = \frac{\partial f}{\partial x}\frac{\partial x}{\partial h} + \frac{\partial f}{\partial y}\frac{\partial y}{\partial h}$$
$$g'(h) = \frac{\partial f}{\partial x}a + \frac{\partial f}{\partial y}b$$

Utilice el producto punto para rescribir $g'(h)$.

$$D_u f(x_o, y_o) = g'(h) = \left\langle \frac{\partial f}{\partial x}, \frac{\partial f}{\partial y} \right\rangle \cdot \langle a, b\rangle$$

Teorema: Si f es diferenciable en x & y, entonces la **derivada direccional** de $z = f(x, y)$ en la dirección del vector unitario $u = \langle a, b\rangle$ es:

$$D_u f(x, y) = \langle f_x, f_y\rangle \cdot \langle a, b\rangle$$

Si el vector unitario forma un ángulo θ con el eje-x positivo, entonces $u = \langle \sin\theta, \cos\theta, \rangle$ y la derivada direccional es igual a:

$$D_u f(x, y) = f_x(x, y)\cos\theta + f_y(x, y)\sin\theta$$

Ejercicio 1: Encuentre la derivada direccional de $f(x, y) = e^x \sin y$ *en el punto* $(0, \pi/3)$ *en la dirección de* $\boldsymbol{v} = \langle -6, 8\rangle$.

Derivadas Parcial de x: $f_x = e^x \sin y$ $\quad f_x\left(0, \frac{\pi}{3}\right) = e^0 \sin\left(\frac{\pi}{3}\right) = \frac{\sqrt{3}}{2}$

Derivadas Parcial de y: $f_y = e^x \cos y$ $\quad f_y\left(0, \frac{\pi}{3}\right) = e^0 \cos\left(\frac{\pi}{3}\right) = \frac{1}{2}$

Vector Unitario: $\mathbf{u} = \frac{\mathbf{v}}{|\mathbf{v}|}$ $\quad \mathbf{u} = \frac{1}{10}\langle -6, 8\rangle$

Derivada Direccional $D_u f(0, \pi/3) = f_x a + f_y b$

$$D_u f(0, \pi/3) = -\frac{3}{5}\cdot\frac{\sqrt{3}}{2} + \frac{4}{5}\cdot\frac{1}{2}$$

El Vector Gradiente

Se observó con anterioridad de que la derivada direccional se puede escribir como el producto punto entre dos vectores.

$$D_u f(x,y) \;=\; \langle f_x, f_y\rangle \cdot \langle a, b\rangle$$

Si f es una función diferenciable en x, y, el **gradiente de f**, denotado como ∇f, es:

$$\nabla f \;=\; \langle f_x, f_y\rangle \;=\; \frac{\partial f}{\partial x}\hat{\imath} + \frac{\partial f}{\partial y}\hat{\jmath}$$

Note que el gradiente ∇f es una función vectorial $\mathbb{R}^2 \to V_2$, mientras que las derivadas parciales son funciones escalares $\mathbb{R}^2 \to \mathbb{R}$.

La **Derivada direccional** de f en la dirección del vector unitario **u** es:

$$D_u f(x,y) \;=\; \nabla f \cdot \mathbf{u}$$

Interpretación Vectorial de la Derivada Direccional:
$D_u f$ es la proyección escalar del vector gradiente ∇f en el vector unitario **u**.

Ejercicio 2: Considere la función $g(r,t) = r^2 \tan(0.25\pi t)$.

a. Encuentre el gradiente de $g(r,t)$ en el punto $(2,1)$.

$$\begin{aligned}
\nabla g(r,t) &= \langle g_r, g_t\rangle = \langle 2r\tan(0.25\pi t), 0.5\pi r^2 \sec^2(0.25\pi t)\rangle \\
\nabla g(2,1) &= \langle 2(2)\tan(0.25\pi), 2\pi \sec^2(0.25\pi)\rangle = \langle 4,\ 4\pi\rangle
\end{aligned}$$

b. Encuentre la derivada direccional de g en el punto $(2,1)$ en la dirección de $\mathbf{v} = \langle 3, -4\rangle$.

Encuentre el vector unitario.

$$|\mathbf{v}| = \sqrt{9+16} = 5$$

$$\mathbf{u} = \frac{\mathbf{v}}{|\mathbf{v}|} = \frac{1}{5}\langle 3, -4\rangle$$

La derivada direccional es el producto punto entre el gradiente el vector unitario.

$$D_u g(2,1) \;=\; \nabla g(2,1)\cdot \mathbf{u} = \frac{1}{5}\langle 4,\ 4\pi\rangle \cdot \langle 3,\ -4\rangle = \frac{12-16\pi}{5}$$

Derivadas Direccionales para funciones de tres variables

La derivada direccional para una función de tres variables es similar al de dos variables.

La **derivada direccional de f** en el punto (x_0, y_0, z_0) en la dirección del vector unitario $\mathbf{u} = \langle a, b, c \rangle$ es:

$$D_u f(x_o, y_o, z_o) \;=\; \lim_{h \to 0} \frac{f(x_0 + ha, y_0 + hb, z_0 + hc) - f(x_0, y_0, z_0)}{h} \;.$$

Use $\vec{x}_0 = \langle x_0, y_0, z_0 \rangle$, para expresar la derivada direccional de manera compacta como:

$$D_u f(\vec{x}_0) = \lim_{h \to 0} \frac{f(\vec{x}_0 + h\mathbf{u}) - f(\vec{x}_0)}{h}$$

Si f es una función diferenciable en $x, y, z,$ el **gradiente de f**, denotado como ∇f, es la función vectorial:

$$\nabla f \;=\; \langle f_x, f_y, f_z \rangle \;=\; \frac{\partial f}{\partial x}\hat{\imath} + \frac{\partial f}{\partial y}\hat{\jmath} + \frac{\partial f}{\partial z}\hat{k}$$

La derivada direccional es el producto punto entre el gradiente de f y el vector unitario u.

La **derivada direccional de** f en la dirección del vector unitario **u** es:

$$D_u f(x, y, z) = \frac{\partial f}{\partial x}a + \frac{\partial f}{\partial y}b + \frac{\partial f}{\partial z}c$$
$$D_u f(x, y, z) = \langle f_x, f_y, f_z \rangle \cdot \langle a, b, c \rangle$$
$$D_u f(x, y, z) = \nabla f \cdot \mathbf{u}$$

Ejercicio 3: Considere la función $f(x, y, z) = x^3 y^2 z$.

a. Encuentre el gradiente de f en el punto $(1, 2, 4)$.

$$\nabla f(x, y, z) \;=\; \langle f_x, f_y, f_z \rangle = \langle 3x^2y^2z,\; 2x^3yz,\; x^3y^2 \rangle$$
$$\nabla f(1, 2, 4) \;=\; \langle 3(4)(4), 2(2)(4), 1(4) \rangle = \langle 48,\; 16,\; 4 \rangle$$

b. Encuentre $D_u f(x, y, z)$ en $(1, 2, 4)$ en la dirección de $\mathbf{u} = \dfrac{1}{3}\left(\hat{\imath} - 2\hat{\jmath} + 2\hat{k}\right)$.

El vector **u** es unitario $|\mathbf{u}| = \frac{1}{3}\sqrt{1+4+4} = \frac{3}{3} = 1.$

$$D_u g(1, 2, 4) = \nabla g(1, 2, 4) \cdot \mathbf{u} = \frac{1}{3}\left(\, 48 - 32 + 8 \,\right) = \frac{24}{3} = 8$$

Valor Máximo de la Derivada Direccional

La derivada direccional es: $D_u f = \nabla f \cdot \mathbf{u}$.

Utilizando las propiedades del producto punto.

$$D_u f \;=\; \nabla f \cdot \mathbf{u} \;=\; |\nabla f||\mathbf{u}|\cos\theta \;=\; |\nabla f|\cos\theta$$

donde θ es el ángulo entre ∇f y $\mathbf{u}$.

El valor máximo de la derivada direccional ocurre cuando $\cos\theta = 1, \quad \Rightarrow \quad \theta = 0.$

Suponga que f es una función diferenciable en dos o tres variables. El valor máximo de la derivada direccional, o el máximo de la razón de cambio, es la magnitud del gradiente $|\nabla f|$ y ocurre cuando el vector unitario **u** tiene la misma dirección que el vector gradiente.

> El valor máximo de la derivada direccional, o **máxima razón de cambio**, es $|\nabla f|$ y ocurre cuando **u** y ∇f son paralelos.

Ejercicio 4: Encuentre la máxima razón de cambio de $f(x,y) = (y^2-1)e^x$ en el punto $(0,3)$ y la dirección en que ocurre este cambio.

La máxima razón de cambio de $f(x,y)$ en el punto $(0,3)$ es $|\nabla f(0,3)|$.

$$\begin{aligned}
\nabla f(x,y) &= \langle f_x,\ f_y\rangle = \langle (y^2-1)e^x,\ 2ye^x\rangle \\
\nabla f(0,3) &= \langle (9-1)1, 2(3)\rangle = \langle 8,6\rangle \\
|\nabla f(0,3)| &= \sqrt{64+36} = 10
\end{aligned}$$

La dirección en qué ocurre la máxima razón de cambio es $\mathbf{u} = \nabla f(0,3) = 8\hat{\imath} + 6\hat{\jmath}$.

La máxima razón de cambio de $f(x,y)$ en el punto $(0,3)$ es de $|\nabla f(0,3)| = 10$ y ocurre en la dirección $\nabla f(0,3) = 8\hat{\imath} + 6\hat{\jmath}$.

Planos Tangentes a Superficies de Nivel

Sea S una superficie de nivel $F(x, y, z) = k$ para una función en tres variables.

Sea $P(x_0, y_0, z_0)$ un punto en S.

La curva C que está sobre S y que pasa por el punto P está descrita por la función vectorial:

$$r(t) = \langle x(t), y(t), z(t) \rangle$$

Como la curva C está en S, entonces $F(x(t), y(t), z(t)) = k$.

Diferencie ambos lados de la ecuación respecto a t, utilice la regla de la cadena.

$$\frac{\partial F}{\partial x}\frac{dx}{dt} + \frac{\partial F}{\partial y}\frac{dy}{dt} + \frac{\partial F}{\partial z}\frac{dz}{dt} = 0$$
$$\langle F_x, F_y, F_z \rangle \cdot \langle x'(t), y'(t), z'(t) \rangle = 0$$

Por lo que el vector gradiente y el vector tangente son perpendiculares en $t = t_0$.

$$\nabla F \cdot \mathbf{r}' = 0$$

El vector gradiente ∇F es perpendicular al vector tangente de cada curva que pasa por P.

$$\nabla F(x_0, y_0, z_0) \cdot (\mathbf{r}(t) - \mathbf{r}(t_0)) = 0$$
$$\hat{n} \cdot (\mathbf{r}(t) - \mathbf{r}(t_0)) = 0$$

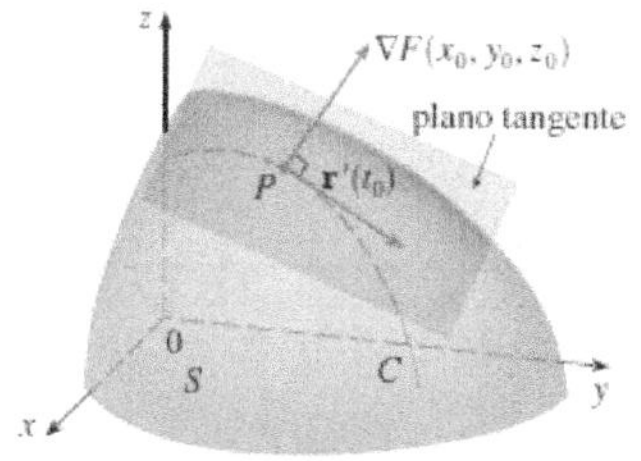

Hemos encontrado la ecuación de un plano tangente a la superficie de nivel $F(x, y, z) = k$.

El **plano tangente a la superficie de nivel** $F(x, y, z) = k$ en el punto $P(x_0, y_0, z_0)$ tiene vector normal $\nabla F(x_0, y_0, z_0)$ y ecuación:

$$F_x(x_0, y_0, z_0)(x - x_0) + F_y(x_0, y_0, z_0)(y - y_0) + F_z(x_0, y_0, z_0)(z - z_0) = 0$$

Ejercicio 5: Encuentre las ecuación del plano tangente y la ecuación de la recta normal al paraboloide hiperbólico $y - x^2 + z^2 = 2$ *en el punto* $(4, 9, 3)$.

Encuentre el gradiente de $F(x, y, z) = y - x^2 + z^2 = 2$.

$$\nabla F(x, y, z) = \langle F_x,\ F_y,\ F_z \rangle = \langle -2x,\ 1,\ 2z \rangle$$
$$\nabla F(4, 9, 3) = \langle -8,\ 1,\ 6 \rangle$$

La ec. del plano tangente es $F_x(4, 9, 3)(x - 4) + F_y(4, 9, 3)(y - 9) + F_z(4, 9, 3)(z - 3) = 0$.

$$-8(x - 4) + (y - 9) + 6(z - 3) = 0$$

9. Máximos y mínimos, funciones de dos variables (14.7)

Una función $z = f(x, y)$ tiene un **Máximo Relativo** en el punto (a, b) si

$$f(a, b) \geqslant f(x, y)$$

para todos los puntos (x, y) que están suficientemente cerca de (a, b).

Gráficamente, un máximo relativo se visualiza como la cima de una montaña mientras que un mínimo relativo se visualiza como el fondo de un abismo.

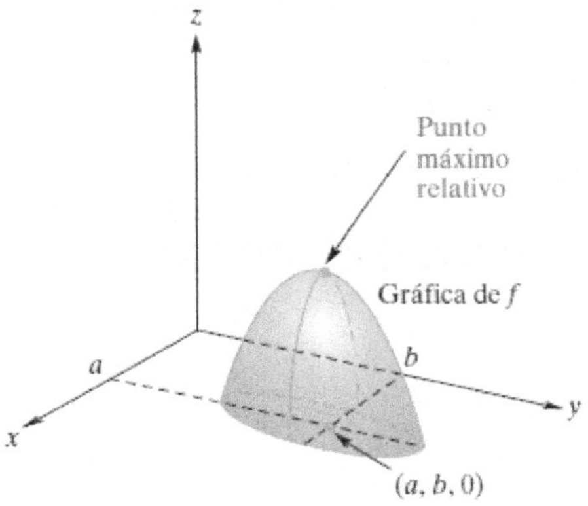

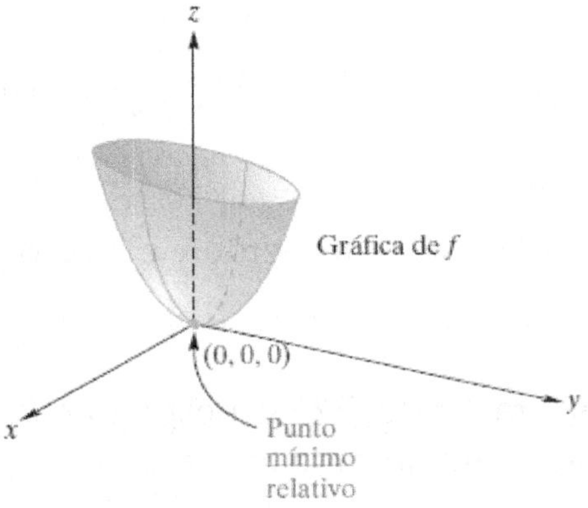

Una función $z = f(x, y)$ tiene un **mínimo relativo** en el punto (a, b) si

$$f(a, b) \leqslant f(x, y)$$

para todos los puntos (x, y) que están suficientemente cerca de (a, b).

Extremos Relativos en una sola Variable

En una función de una variable $y = f(x)$ se encuentran los números críticos ($f'(c) = 0$ ó no existe) y luego se utiliza la prueba de la Segunda Derivada.

- Máximo Relativo: $f'(c) = 0$ y $f''(c) < 0$.
- mínimo relativo: $f'(c) = 0$ y $f''(c) > 0$.

En funciones de dos o más variables también se encuentran los puntos críticos y se utiliza la prueba de la segunda derivada para clasificar cada extremo.

Condiciones necesarias para extremos relativos

El punto (a, b) es un **punto crítico** de f si

$$f_x(a, b) = 0, \qquad f_y(a, b) = 0 \, ,$$

o si alguna de las derivadas parciales no existe en (a, b).

Los puntos críticos son los únicos candidatos a extremos locales para funciones en varias variables.

Teorema:

Si f tiene un extremo local en (a, b) entonces (a, b) es un punto crítico de f.

Ejercicio 1: Encuentre los puntos críticos de las siguientes funciones:

a. $f(x, y) = x^2 + 4y^2 - 6x + 16y$

Encuentre las derivadas parciales de f y resuelva las ecuaciones $f_x = f_y = 0$.

$$f_x(x, y) = 2x - 6 = 0 \quad \Rightarrow \quad x = +3$$
$$f_y(x, y) = 8y + 16 = 0 \quad \Rightarrow \quad y = -2$$

El único punto crítico es $(3, -2)$.

b. $g(x, y) = 2x^2 + 4x + y^3 - 3y^2 + 10$

Encuentre las derivadas parciales de f y resuelva las ecuaciones $g_x = g_y = 0$.

$$g_x(x, y) = 4x + 4 = 0 \quad \Rightarrow \quad x = -1$$
$$g_y(x, y) = 3y^2 - 6y = 3y(y - 2) = 0 \quad \Rightarrow \quad y = 0, \ 2$$

Hay dos puntos críticos $(-1, 0)$ & $(-1, 2)$.

c. $h(x, y) = 2x^2 - xy + y^2 + 100$

$$h_x(x, y) = 4x - y = 0$$
$$h_y(x, y) = -x + 2y = 0$$
$$h_x + h_y = 3x = 0 \quad \Rightarrow \quad x = 0, \quad y = 4x = 0$$

El único punto crítico es el origen $(0, 0)$.

Prueba de la Segunda Derivada

La prueba de la Segunda Derivada clasifica a un punto crítico como extremo local.

Prueba de la Segunda Derivada: Suponga que $z = f(x, y)$ tiene segundas derivadas parciales continuas cerca del punto crítico (a, b).

Sea D la función definida por:

$$D(x, y) = \begin{vmatrix} f_{xx} & f_{xy} \\ f_{xy} & f_{yy} \end{vmatrix} = f_{xx}f_{yy} - (f_{xy})^2 .$$

- **Máximo Relativo:** $f_{xx}(a, b) < 0$ y $D(a, b) > 0$
- **mínimo relativo:** $f_{xx}(a, b) > 0$ y $D(a, b) > 0$
- **Punto de Silla:** $D(a, b) < 0$
- **Prueba Inconclusa:** $D(a, b) = 0$

Punto de silla

Por ejemplo, considere la función $z = x^2 - y^2$, el único punto crítico es $(0, 0)$.

$$\begin{aligned} f_x &= 2x = 0 \\ f_y &= -2y = 0 \end{aligned}$$

En este caso la función $D(a, b)$ es negativa, por lo que z tiene un punto de silla en $(0, 0)$.

$$D(a, b) = \begin{vmatrix} f_{xx} & f_{xy} \\ f_{xy} & f_{yy} \end{vmatrix} = \begin{vmatrix} 2 & 0 \\ 0 & -2 \end{vmatrix} = -4 < 0$$

Alrededor del eje x, $f(x, 0) = x^2$, $f(0, 0)$ se comporta como un mínimo.

Alrededor del eje y, $f(0, y) = -y^2$, $f(0, 0)$ se comporta como un máximo.

La gráfica de f tiene la forma de una "silla de montar."

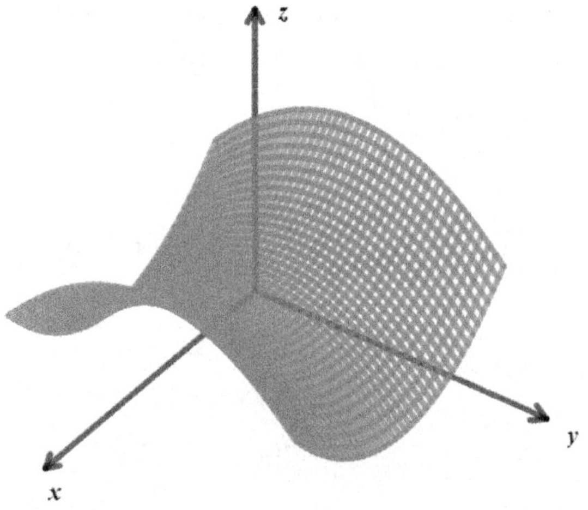

Ejercicio 2: Encuentre los máximos y mínimos relativos de las siguientes funciones (si existen).

a. $f(x,y) = 30 - x^2 - 2y^2 + 4x - 12y$. Encuentre los puntos críticos.

$$f_x = -2x + 4 = 0 \quad \Rightarrow \quad x = 2$$
$$f_y = -4y - 12 = 0 \quad \Rightarrow \quad y = -3$$

Utilice la prueba de la segunda derivada.

$$D(x,y) = \begin{vmatrix} f_{xx} & f_{xy} \\ f_{xy} & f_{yy} \end{vmatrix} = \begin{vmatrix} -2 & 0 \\ 0 & -4 \end{vmatrix} = 8 > 0$$

Hay un Máximo Relativo en el punto $(2,-3)$ porque $f_{xx} = -2 < 0$ y $D = 8 > 0$.
El Valor Máximo Relativo es: $f(-2,3) = 30 - 4 - 18 + 8 + 36 = 52$.

b. $g(x,y) = 2x^2 + 3y^2 + 3xy - 10x - 15y + 10$

$$g_x = 4x + 3y = 10$$
$$g_y = 3x + 6y = 15 \quad \Rightarrow y = \tfrac{1}{6}(15 - 3x) = 12/2 = 6$$
$$2g_x - g_y = 5x = 5 \quad \Rightarrow x = 1$$

Utilice la prueba de la segunda derivada.

$$D(x,y) = \begin{vmatrix} f_{xx} & f_{xy} \\ f_{xy} & f_{yy} \end{vmatrix} = \begin{vmatrix} 4 & 3 \\ 3 & 6 \end{vmatrix} = 24 - 9 = 15 > 0$$

Hay un mínimo relativo en el punto $(1,6)$ porque $f_{xx} = 4 > 0$ y $D = 15 > 0$.
El valor mínimo relativo es: $f(1,2) = 2 + 12 + 6 - 10 - 30 + 10 = -10$.

c. $h(x,y) = x^3 - 12x + y^2 - 6y$

$$h_x = 3x^2 - 12 = 0 \quad \Rightarrow x = \sqrt{4} = \pm 2$$
$$h_y = 2y - 6 = 0 \quad \Rightarrow y = +3$$

Use la prueba de la segunda derivada en cada uno de los puntos críticos

$$D(x,y) = \begin{vmatrix} h_{xx} & h_{xy} \\ h_{xy} & h_{yy} \end{vmatrix} = \begin{vmatrix} 6x & 0 \\ 0 & 2 \end{vmatrix} = 12x$$

El punto crítico $(-2,3)$ es un punto de silla $D(-2,3) = -24 < 0$.
El punto crítico $(2,3)$ es un mínimo relativo $D(2,3) = 24 > 0,\ h_{xx} = 4 > 0$.

Aplicaciones a los Negocios y a la Economía

Ejercicio 4, Discriminación de Precios: Suponga que un monopolista practica la discriminación de precios en la venta de un producto cobrando diferentes precios en cada mercado. Las funciones de demanda para el mercado 1 y 2 son:

$$\begin{aligned} p_1 &= 104 - x, \\ p_2 &= 84 - y, \end{aligned}$$

donde x & y son las cantidades vendidas por semana en cada mercado y p_1 y p_2 son los precios en cada mercado por unidad. La función de costo del monopolista es:

$$C = 600 + 4(x + y)$$

¿Cuánto debe venderse en cada mercado para maximizar la utilidad?
¿Qué precios de venta dan la utilidad máxima?

Encuentre las funciones de ingresos y de costos.

$$\begin{aligned} &I = p_1 x + p_2 y = 104x - x^2 + 84y - y^2 \\ &U = I - C = 104x - x^2 + 84y - y^2 - 600 - 4x - 4y \\ &U = 100x - x^2 + 80y - y^2 - 600 \end{aligned}$$

Encuentre los puntos críticos.

$$\begin{aligned} U_x &= 100 - 2x && = 0 \Rightarrow x && = 50 \\ U_y &= 80 - 2y && = 0 \Rightarrow y && = 40 \end{aligned}$$

Los precios de venta son $p_1(50) = 54$ & $p_2(40) = 44$.

La utilidad máxima es $U(50, 40) = 5,000 - 2,500 + 3,200 - 1,600 - 600 = 3,500$.

Hay un máximo relativo en $(50, 40)$ por la prueba de la 2da Derivada.

$$D(x, y) = \begin{vmatrix} f_{xx} & f_{xy} \\ f_{xy} & f_{yy} \end{vmatrix} = \begin{vmatrix} -2 & 0 \\ 0 & -2 \end{vmatrix} = 4 > 0, \qquad f_{xx} = -2 < 0$$

Ejercicio 5, Maximización de la producción: Sea P una función de producción dada por:

$$P(L,K) \;=\; 2LK - 3K^2 - 2L^2 + 20K$$

Encuentre los valores de L (en miles) y K (en miles) que maximizan la producción P.

$$\begin{aligned} P_L &= 2K - 4L = 0 && \Rightarrow\; K = 2L \\ P_K &= 2L - 6K + 20 = 0 && \Rightarrow 10L = 20 \end{aligned}$$

El punto crítico $(2,4)$ es un máximo relativo.

$$D(L,K) = \begin{vmatrix} P_{LL} & P_{KL} \\ P_{LK} & P_{KK} \end{vmatrix} = \begin{vmatrix} -4 & 2 \\ 2 & -6 \end{vmatrix} = 24 - 4 > 0, \qquad P_{LL} = -4 < 0$$

El nivel de producción máximo es $P(2,4) = 16 - 48 - 8 + 80 = 96 - 56 = 40.$

Ejercicio 6, Maximización de la Utilidad: Una compañía produce dos tipos de pasteles cuyos costos unitarios de producción son de Q20 y Q10. Las demandas para ambos pasteles son:

$$q_A \;=\; 100 - 5x - 2y, \qquad q_B \;=\; 250 - 3x - 5y\;.$$

Encuentre los precios de venta x y y que maximizan la utilidad de la compañía.

Encuentre las funciones de ingresos, costos y utilidad.

$$\begin{aligned} I &= xq_A + yq_B = 100x - 5x^2 - 2yx + 250y - 3xy - 5y^2 \\ I &= 100x - 5x^2 - 5yx + 250y - 5y^2 \\ C &= 20q_A + 10q_B = 2000 - 100x - 40y + 2500 - 30x - 50y \\ C &= 3,500 - 130x - 90y \\ U &= I - C = 230x - 5x^2 - 5yx + 340y - 5y^2 - 3,500 \end{aligned}$$

Encuentre los puntos críticos.

$$\begin{aligned} U_x &= 230 - 10x - 5y = 0 && \\ U_y &= 340 - 5x - 10y = 0 && \Rightarrow y = \tfrac{1}{10}(340 - 5x) = 300/10 = 30 \\ 2Ux - U_y &= 120 - 15x = 0 && \Rightarrow x = 120/15 = 8 \end{aligned}$$

El punto crítico $(8,30)$ es un máximo relativo.

$$D(x,y) = \begin{vmatrix} f_{xx} & f_{xy} \\ f_{xy} & f_{yy} \end{vmatrix} = \begin{vmatrix} -10 & -5 \\ -5 & -10 \end{vmatrix} = 100 - 25 = 75 > 0, \qquad f_{xx} = -10 < 0$$

La utilidad máxima es $U(8,30) = 1,840 - 320 - 1,200 + 10,200 - 4,500 - 3,500 = 2,520\;.$

10. Multiplicadores de Lagrange (14.8)

Problemas de Optimización con Restricciones

Se pueden encontrar los máximos y mínimos relativos de una función a la cual se le imponen ciertas restricciones.

Ejemplo: Encuentre los extremos relativos de $w = x^2 + y^2 + z^2$ *sujeta a* $2x + y - z = 18$.

Sustituya la restricción $y = 18 - 2x + z$ en w para obtener una función de 2 variables.

$$w(x, z) = x^2 + (18 - 2x + z)^2 + z^2$$

Encuentre los puntos críticos de $w(x, z)$.

$$\begin{aligned} w_x &= 2x - 4(18 - 2x + z) = 10x - 4z - 72 = 0 \\ w_z &= 2(18 - 2x + z) + 2z = -4x + 4z + 36 = 0 \end{aligned}$$

Sume la fila 1 con la fila 2 para obtener

$$6x - 36 = 0 \qquad \Rightarrow \qquad x = 6$$

Sustituya el valor de $x = 6$ en la segunda fila y resuelva para z.

$$4z = 4x - 36 = 24 - 36 = -12 \qquad \Rightarrow \qquad z = -3$$

Utilizando la restricción original se obtiene el valor de $y = 18 - 2(6) + (-3) = 18 - 15 = 3$.

El punto crítico es $(6, 3, -3)$.

Utilice la prueba de la segunda derivada para clasificar el punto crítico.

$$D(x, z) = \begin{vmatrix} f_{xx} & f_{xz} \\ f_{zx} & f_{zz} \end{vmatrix} = \begin{vmatrix} 10 & -4 \\ -4 & 4 \end{vmatrix} = 10 \cdot 4 - 16 = 24 > 0$$

Como $D(x, y) > 0$ y $f_{yy} > 0$, hay un mínimo relativo en $(6, 3, -3)$.

El valor mínimo de w es: $w(6, 3, -3) = 36 + 9 + 9 = 54$.

Método de Multiplicadores de Lagrange

En varios problemas no es posible expresar una de las variables de la restricción en función de las otras variables o los pasos de substitución pueden ser extensos.

El método de Multiplicadores de Lagrange nos permite encontrar los puntos críticos sin necesidad de sustituir la restricción en la función objetivo.

Método de Multiplicadores de Lagrange

Suponga que se tiene una función $f(x, y, z)$ sujeta a la restricción $g(x, y, z) = c$.

Se construye la siguiente *función objetivo* nueva F de cuatro variables:

$$F(x, y, z, \lambda) = f(x, y, z) - \lambda(g(x, y, z) - c) .$$

Los números críticos de F también son los números críticos de f sujetos a la restricción $g = c$ y se encuentran al resolver el sig. sistema de ecuaciones simultáneas.

$$\begin{cases} F_x(x, y, z, \lambda) & = f_x - \lambda g_x & = 0 \\ F_y(x, y, z, \lambda) & = f_y - \lambda g_y & = 0 \\ F_z(x, y, z, \lambda) & = f_z - \lambda g_z & = 0 \\ F_\lambda(x, y, z, \lambda) & = g - c & = 0 \end{cases}$$

Observaciones:

- La variable λ (lambda) se conoce como **Multiplicador de Lagrange.**
- Para resolver problemas de optimización con dos variables de decisión y una restricción se encuentran los números críticos de una función F similar.

$$F(x, y) = f(x, y) + \lambda(c - g(x, y))$$

- La extensión para más variables de decisión es similar $F = f - \lambda(g - c)$.
- Deben de haber más variables de decisión que restricciones para que el problema sea de optimización.
- Pueden haber dos restricciones $g(x, y, z) = c$, y $h(x, y, z) = d$.
  En este caso, la función objetivo F tiene la siguiente forma:

$$F(x, y, z, \lambda, \mu) = f(x, y, z) \ + \ \lambda[c - g(x, y, z)] \ + \ \mu[d - h(x, y, z)] .$$

  Note que esta función tiene dos multiplicadores de Lagrange λ y μ.

  Los números críticos se obtienen al resolver $F_x = F_y = F_z = F_\lambda = F_\mu = 0$.

Prueba de la Segunda Derivada

Para determinar si el número crítico es un máximo o mínimo relativo se extiende la prueba de la segunda derivada utilizada para problemas de optimización de dos variables. En este caso se deben calcular las determinantes de las submatrices que contienen las segundas derivadas parciales.

Suponga que $w = F(x, y, z, \lambda)$
tiene segundas derivadas parciales continuas cerca del punto crítico de F.

Sea D la función definida por:

$$D(x, y, z, \lambda) = \begin{vmatrix} f_{xx} & f_{xy} & f_{xz} & f_{x\lambda} \\ f_{yx} & f_{yy} & f_{yz} & f_{y\lambda} \\ f_{zx} & f_{zy} & f_{zz} & f_{z\lambda} \\ f_{\lambda x} & f_{\lambda y} & f_{\lambda z} & f_{\lambda\lambda} \end{vmatrix}$$

Calcule todos las determinantes de las submatrices principales D_1, D_2, D_3, D_4,
Por ejemplo, D_2 es la determinante de la matriz desde las primera y segunda filas hasta la segunda columna de la matrix D y D_4 es la determinante de la matriz entera.

- **Máximo Relativo:** $D_1 < 0, D_2 > 0, D_3 < 0$ y $D_4 > 0$
- **mínimo relativo:** $D_1 > 0, D_2 > 0, D_3 > 0$ y $D_4 > 0$
- **Punto de Silla:** $D_4 < 0$
- **Prueba Inconclusa:** $D_4 = 0$

Observaciones:

- Como esta prueba es laboriosa, no se utiliza con mucha frecuencia.
- Si el problema de optimización está bien planteado, (como un problema de minimización del costo sujeto a un nivel fijo de producción) y el problema tiene un sólo número crítico, este punto crítico generalmente es el máximo o mínimo relativo.

En el primer problema $F(x, y, z, \lambda) = x^2 + y^2 + z^2 - \lambda(2x + y - z - 18)$, por lo que

$$D = \begin{vmatrix} f_{xx} & f_{xy} & f_{xz} & f_{x\lambda} \\ f_{yx} & f_{yy} & f_{yz} & f_{y\lambda} \\ f_{zx} & f_{zy} & f_{zz} & f_{z\lambda} \\ f_{\lambda x} & f_{\lambda y} & f_{\lambda z} & f_{\lambda\lambda} \end{vmatrix} = \begin{vmatrix} 2 & 0 & 0 & -2 \\ 0 & 2 & 0 & -1 \\ 0 & 0 & 2 & 1 \\ 2 & 1 & -1 & 0 \end{vmatrix} = 8 > 0$$

Como $D_1 = f_{xx} = 2 > 0$, $D_2 = \begin{vmatrix} f_{xx} & f_{xy} \\ f_{yx} & f_{yy} \end{vmatrix} = 4 > 0$, $D_3 = 8 > 0$,

entonces el número crítico de F va a ser un mínimo relativo.

Ejercicio 1: Encuentre los puntos críticos de las siguientes funciones sujetas a las restricciones indicadas utilizando el método de Lagrange.

a. $f(x, y, z) = x^2 + y^2 + z^2$ S.A. $g(x, y, z) = 2x + y - z = 18$

Construya la función objetivo F.

$$F(x, y, z, \lambda) = x^2 + y^2 + z^2 + \lambda(18 - 2x - y + z)$$

Encuentre las derivadas parciales de F y resuelva el siguiente sistema:

$$\begin{array}{lcr} F_x = 2x - 2\lambda = 0 & \Rightarrow & x = \lambda \\ F_y = 2y - \lambda = 0 & \Rightarrow & y = 0.5\lambda \\ F_z = 2z + \lambda = 0 & \Rightarrow & z = -0.5\lambda \\ F_\lambda = -2x - y + z + 18 = 0 & \Rightarrow & 2x + y - z = 18 \end{array}$$

En las primeras tres ecuaciones se resolvieron x, y, z en términos de λ.
Sustituya estos valores en la última ecuación y resuelva para λ.

$$2\lambda + +0.5\lambda + 0.5\lambda = 3\lambda = 18 \quad \Rightarrow \quad \lambda = 6$$

El punto crítico es $x = 6, \ y = 3, \ z = -3$.

b. $g(x, y, z) = x + y + z$ S.A. $xyz = 8$.

Construya la función objetivo F.

$$F(x, y, z, \lambda) = x + y + z + \lambda(8 - xyz)$$

Encuentre las derivadas parciales de F y resuelva el siguiente sistema:

$$\begin{array}{lcr} F_x = 1 - \lambda yz = 0 & \Rightarrow & \lambda yz = 1 \\ F_y = 1 - \lambda xz = 0 & \Rightarrow & \lambda xz = 1 \\ F_z = 1 - \lambda xy = 0 & \Rightarrow & \lambda xy = 1 \\ F_\lambda = 8 - xyz = 0 & \Rightarrow & xyz = 8 \end{array}$$

Divida $\dfrac{F_x}{F_y} = \dfrac{yz}{xz} = 1 \quad \Rightarrow \quad y = x.$

Divida $\dfrac{F_x}{F_z} = \dfrac{yz}{xy} = 1 \quad \Rightarrow \quad z = x.$

Sustituya en la restricción para obtener que $x^3 = 8 \quad \Rightarrow \quad x = 2.$

El punto crítico es $(2, 2, 2) \quad \lambda = 1/yz = 1/4$.

Aplicaciones a la Economía y Negocios

Para los siguientes problemas no realice la prueba de la Segunda Derivada.

Ejercicio 2: Para surtir una orden de ***100 unidades*** *de su producto, una empresa desea distribuir la producción entre sus dos plantas. La función de costo total está dada por:*

$$C(x, y) = 0.1x^2 + 7x + 15y + 1000$$

¿Cómo debe distribuirse la producción para minimizar los costos?

Construya la función objetivo F.

$$F(x, y, \lambda) = \tfrac{1}{10}x^2 + 7x + 15y + 1000 + \lambda(100 - x - y)$$

Encuentre las derivadas parciales de F y resuelva el siguiente sistema:

$$\begin{array}{lcl} F_x = \frac{1}{5}x + 7 - \lambda = 0 & \Rightarrow & x = 5\lambda - 35 \\ F_y = 15 - \lambda = 0 & \Rightarrow & \lambda = 15 \\ F_\lambda = 100 - x - y = 0 & \Rightarrow & y = 100 - x \end{array}$$

Como $\lambda = 15$, $\quad x = 5(15) - 35 = 40$, $\quad y = 100 - 40 = 60$.

Se deben producir 40 unidades en la planta 1 y 60 en la planta 2 para minimizar el costo.

$$C_{min}(40, 60) = 160 + 280 + 900 + 1000 = 2,340$$

Ejercicio 3: La función de producción de una compañía es:

$$Q(L, K) = 12L - L^2 + 20K - 2K^2$$

El costo de L y K para la compañía es de \$4 mil y \$8 mil, respectivamente.

a. *Encuentre la producción máxima posible si no hay restricciones para adquirir capital y trabajo.*

$$\begin{array}{lcl} Q_L = 12 - 2L = 0 & \Rightarrow & L = 6 \\ Q_K = 20 - 4K = 0 & \Rightarrow & K = 5 \end{array}$$

El punto crítico es un máximo relativo $\quad D = 8 > 0, \quad Q_{LL} = -2 < 0.$

$$D = \begin{vmatrix} Q_{LL} & Q_{LK} \\ Q_{KL} & Q_{KK} \end{vmatrix} = \begin{vmatrix} -2 & 0 \\ 0 & -4 \end{vmatrix} = 8$$

La producción máxima es $\quad Q_{max}(6, 5) = 72 - 36 + 100 - 50 = 36 + 50 = 86$

La compañía utiliza un presupuesto de $\$\,64$ mil para contratar capital y trabajo.

b. *Si la compañía sólo tiene un presupuesto de $ 88 mil para usar en trabajo y capital, encuentre la producción máxima posible sujeta a esta restricción.*

Construya la función objetivo F.

$$F(L,K,\lambda) = 12L - L^2 + 20K - 2K^2 + \lambda(88 - 4L - 8K)$$

Encuentre las derivadas parciales de F y resuelva el siguiente sistema:

$$\begin{aligned} F_L &= 12 - 2L - 4\lambda = 0 && \Rightarrow && L = 6 - 2\lambda \\ F_K &= 20 - 4K - 8\lambda = 0 && \Rightarrow && K = 5 - 2\lambda \\ F_\lambda &= 88 - 4L - 8K = 0 && \Rightarrow && L + 2K = 22 \end{aligned}$$

Sustituya los valores de L & K en la restricción.

$$6 - 2\lambda + 10 - 4\lambda = 16 - 6\lambda = 22$$
$$-6\lambda = 6 \qquad \Rightarrow \qquad \lambda = -1 L = 6 - 2(-1) = 8 \qquad K \; = 5 - 2(-1) = 7$$

La producción máxima posible se obtiene con 8 unidades de trabajo y 7 de capital.

$$Q_{max}(8,7) = 96 - 64 + 140 - 98 = 32 + 42 = 74$$

Ejercicio 4: Determine las dimensiones de la caja rectangular (con tapadarera) con el mayor volumen V si el área superficial total S es de 96 cm^2 ?

$$\max \; V = xyz \qquad \text{sujeto a } \; S = 2xy + 2xz + 2yz = 96$$
$$F = xyz + \lambda(96 - 2xy + 2xz + 2yz)$$

Encuentre los puntos críticos resolviendo el siguiente sistema de ecuaciones.

$$\begin{aligned} F_x &= yz - 2\lambda y - 2\lambda z = 0 && \Rightarrow && yz = 2\lambda(y+z) \\ F_y &= xz - 2\lambda x - 2\lambda z = 0 && \Rightarrow && xz = 2\lambda(x+z) \\ F_z &= xy - 2\lambda x - 2\lambda y = 0 && \Rightarrow && xy = 2\lambda(x+y) \end{aligned}$$

Divida $\dfrac{F_x}{F_y} = \dfrac{yz}{xz} = \dfrac{y+z}{x+z} \quad \Rightarrow \quad xyz + yz^2 = xyz + xz^2 \quad \Rightarrow \quad x = y\,.$

Divida $\dfrac{F_x}{F_z} = \dfrac{yz}{xy} = \dfrac{y+z}{x+y} \quad \Rightarrow \quad xyz + zy^2 = xyz + xz^2 \quad \Rightarrow \quad x = z\,.$

Sustituya en la restricción: $2x^2 + 2x^2 + 2x^2 = 6x^2 = 96 \quad \Rightarrow \quad x = 4 = y = z.$

Las dimensiones que maximizan el volumen de la caja $V_{max} = 64$ son de $4 \times 4 \times 4$.

11. Secciones Cónicas (10.5)

Las curvas o secciones cónicas resultan de la intersección de un cono con un plano.

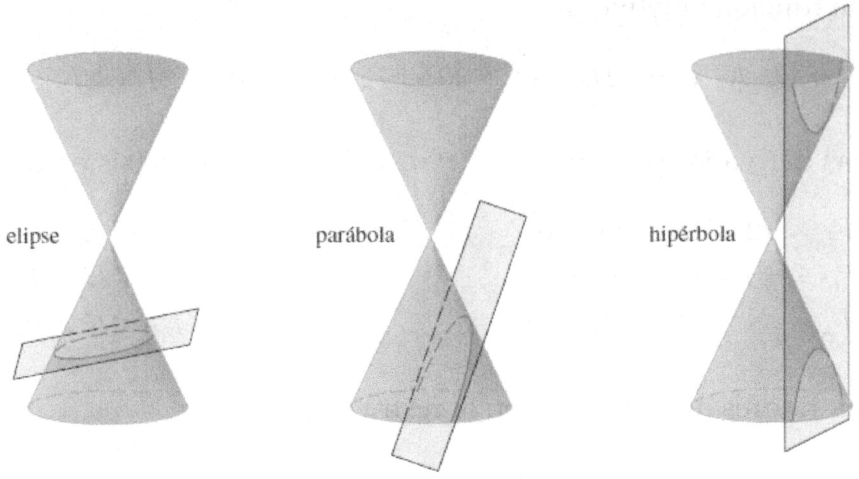

Parábola

Parábola en x

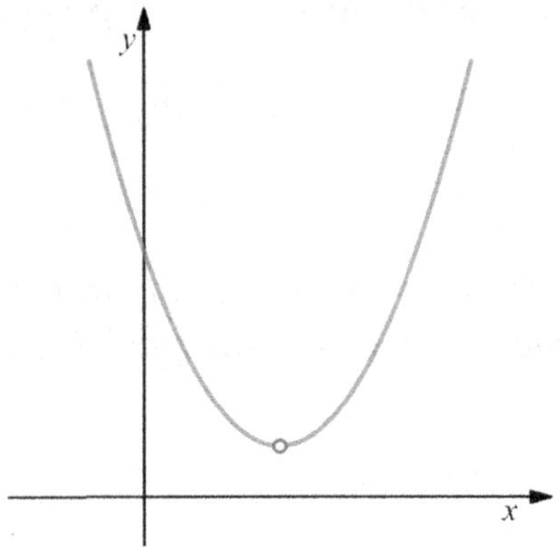

Ecuación: $y = ax^2 + bx + c$

Vértice en $x = \frac{b}{2a}$

Abre para Arriba si $a > 0$.
Abre para Abajo si $a < 0$.

Parábola en y

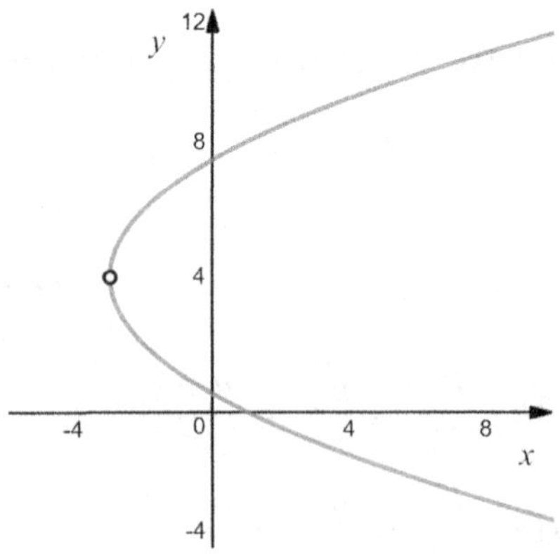

Ecuación: $x = ay^2 + by + c$

Vértice en $y = \frac{b}{2a}$

Abre hacia la derecha si $a > 0$.
Abre hacia la izquierda si $a < 0$.

Elipse

Tiene como ecuación $\dfrac{x^2}{a^2} + \dfrac{y^2}{b^2} = 1$.

Los vértices en x son $(\pm a, 0)$ y los vértices en y son $(0, \pm b)$.

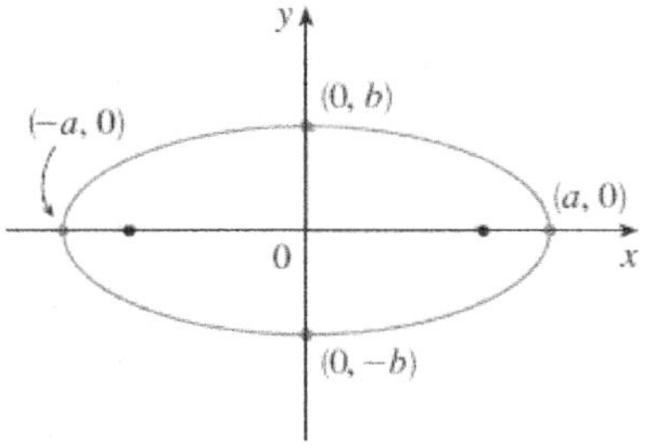

$a > b$ elipse horizontal
Eje mayor es el eje-x

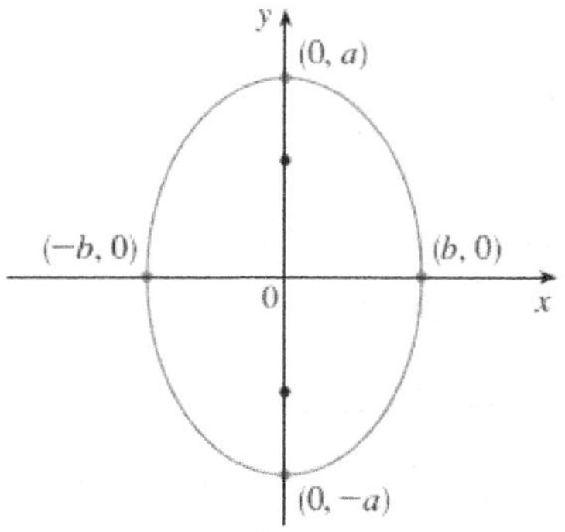

$a < b$ elipse vertical
eje mayor es el eje-y.

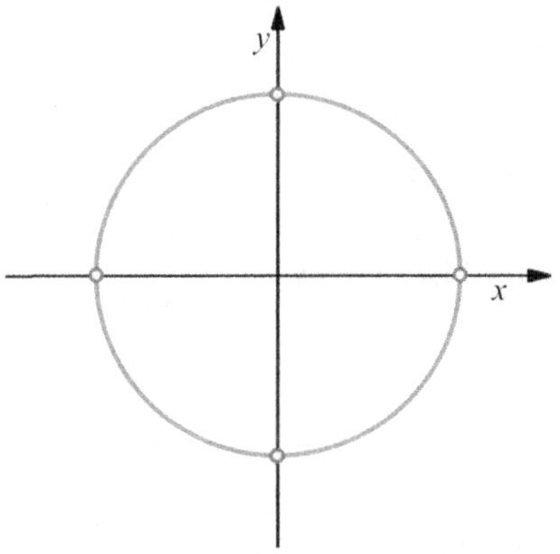

Si $a = b$, se obtiene una circunferencia de radio a centrada en el origen $(0, 0)$, $x^2 + y^2 = a^2$.

El centro de una elipse puede estar en un punto diferente del origen. La ecuación

$$\frac{(x - x_0)^2}{a^2} + \frac{(y - y_0)^2}{b^2} = 1 \, ,$$

corresponde a una elipse con centro en el punto (x_0, y_0).

Para encontrar los vértices de esta elipse reemplace x_0 ó y_0 y resuelva para y ó x.

Vértices eje-x :	$y = y_o$	$\dfrac{(x - x_0)^2}{a^2} = 1$	$x = x_0 \pm a$
Vértices eje-y :	$x = x_o$	$\dfrac{(y - y_0)^2}{b^2} = 1$	$y = y_0 \pm b$

Los vértices de la elipse son los puntos $(x_0 \pm a, y)$ y $(x_0, y_0 \pm b)$.

Hipérbola

Ecuación $\dfrac{x^2}{a^2} - \dfrac{y^2}{b^2} = 1$

Abre hacia la izquierda/derecha
Vértices en $(\pm a, 0)$

Asíntotas en $y = \pm \dfrac{b}{a} x$

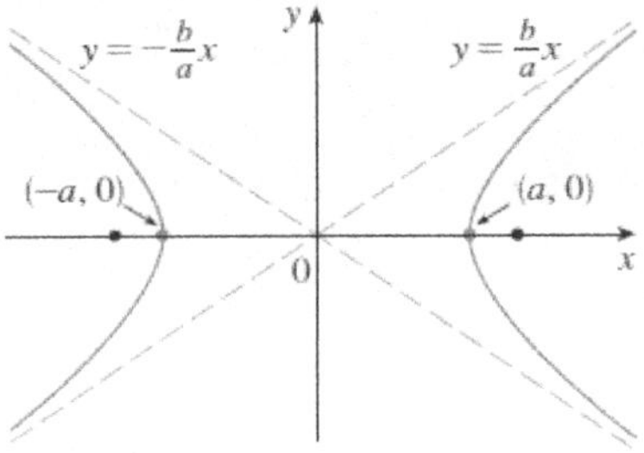

Ecuación $\dfrac{y^2}{b^2} - \dfrac{x^2}{a^2} = 1$

Abre hacia abajo / arriba
Vértices en $(0, \pm b)$

Asíntotas en $y = \pm \dfrac{a}{b} x$

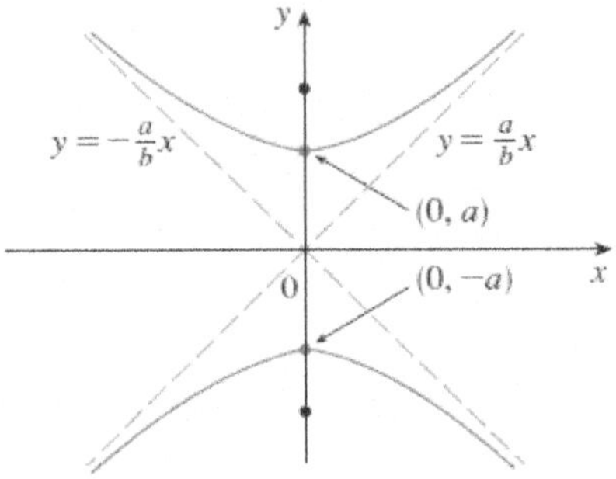

Cónicas Desplazadas

La ecuación general de una sección cónica es: $Ax^2 + By^2 + Cx + Dy + E = 0$.
la gráfica de esta curva corresponde a una sección cónica desplazada.

Reescriba esta ecuación completando al cuadrado para clasificar la curva.

Ejercicio: Dada la ecuación, clasifique y trace la cónica.

a. $9x^2 - 72x - 4y^2 + 8y + 176 = 0$

Agrupe términos y complete el cuadrado.

$$\begin{aligned} 9(x^2 - 8x) - 4(y^2 - 2y) &= -176 \\ 9(x^2 - 8x - 16) - 4(y^2 - 2y + 1) &= -176 + 16(9) - 4 = -176 + 144 - 4 \\ 9(x-4)^2 - 4(y-1)^2 &= -36 \\ -\frac{(x-4)^2}{4} + \frac{(y-1)^2}{9} &= 1 \end{aligned}$$

La cónica es una **hipérbola** que abre hacia arriba/abajo.

Sea $x = 4$ y resuelva para y

$$\frac{(y-1)^2}{9} = 1$$

$$(y-1)^2 = 9$$

$$y - 1 = \pm 3, \qquad y = -2, 4$$

Los vértices son $(4, -2)$ y $(4, 4)$.

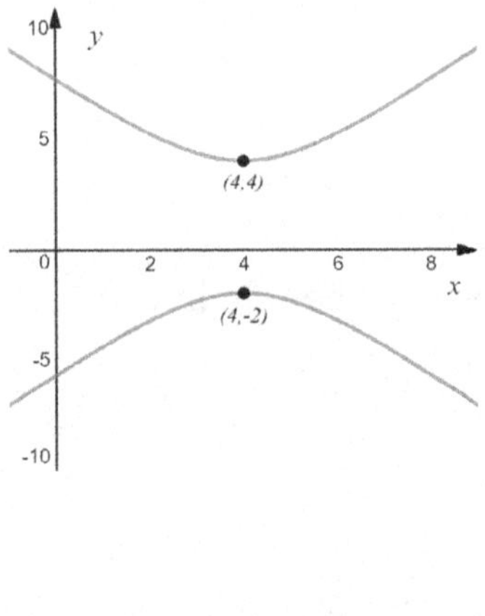

b. $4x^2 - 4y + y^2 = 0$

$$\begin{aligned} 4x^2 + y^2 - 4y + 4 &= 4 \\ 4x^2 + (y-2)^2 &= 4 \\ \frac{x^2}{1} + \frac{(y-2)^2}{4} = 1 \end{aligned}$$

La cónica es una **elipse** con centro en $(0,2)$.
Los vértices son:

$$\begin{aligned} \text{Eje-x: } y = 2, \quad \frac{x^2}{1} &= 1, \quad x = \pm 1 \\ (-1,2)\ y\ (1,2) & \\ \text{Eje-y: } x = 0, \quad \frac{(y-2)^2}{4} &= 1, \quad y = 2 \pm 2 \\ (0,0)\ \text{ y }\ (0,4). & \end{aligned}$$

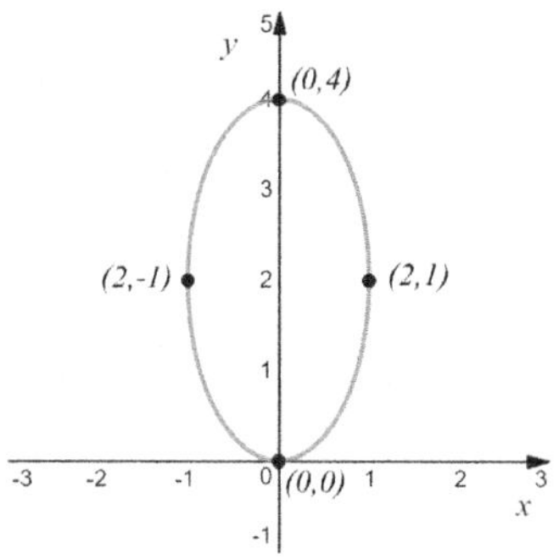

c. $x^2 + 3y^2 + 2x - 12y + 10 = 0$

d. $y^2 + 2y = 4x^2 + 3$

e. $y^2 - 8y = 6x - 16$

12. Cilindros y Superficies Cuádricas (12.6)

Para poder bosquejar la gráfica de una superficie, es útil determinar las curvas de intersección de la superficie con planos paralelos a los planos coordenados ($-xy$, $-xz$, $-yz$). Estas curvas se llaman **trazas** o secciones transversales de la superficie.

Cilindros

Un cilindro es una superficie que consiste de todas las líneas rectas que son paralelas a una recta dada y que pasan por una curva plana.

Ejercicio 1: Bosqueje la gráfica de la superficies dadas.

a. $z = y^2$ Cilindro parabólico.

La gráfica de esta superficie corresponde a una parábola trasladada a lo largo del eje-x.

Para $x = a$ las trazas son la parábola $z = y^2$.

Para $y = b$ las trazas son las rectas $z = b^2$.

Las trazas verticales $z = c > 0$ son funciones constantes.

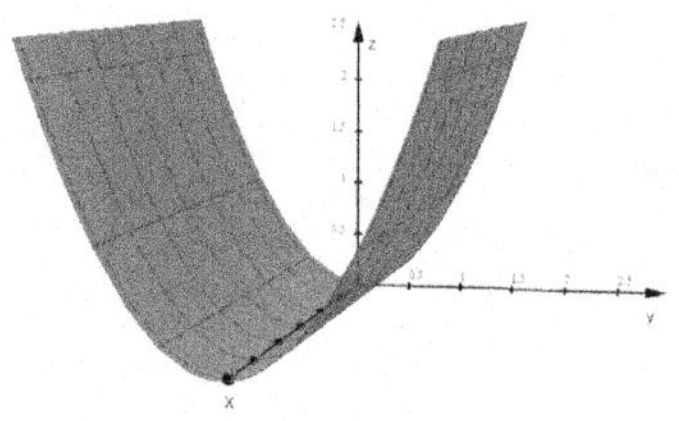

b. $x^2 + y^2 = 9$ Cilindro circular de radio 3 cuyo eje es el eje z.

c. $x^2 + z^2 = 4$ Cilindro circular de radio 2 cuyo eje es el eje y.

Superficies Cuádricas

Una **superficie cuádrica** es la gráfica de una ecuación de segundo grado en tres variables x, y, z. Las dos formas estándar de cada superficie cuádrica son:

$$Ax^2 + By^2 + Cz^2 + J = 0$$
$$Ax^2 + By^2 + Iz = 0$$

Elipsoide

$$\frac{x^2}{a^2} + \frac{y^2}{b^2} + \frac{z^2}{c^2} = 1$$

Las trazas verticales $z = k < c$ son elipses.
Las trazas horizontales $x, y = k$ son elipses.
La elipsoide es una esfera si $a = b = c$.

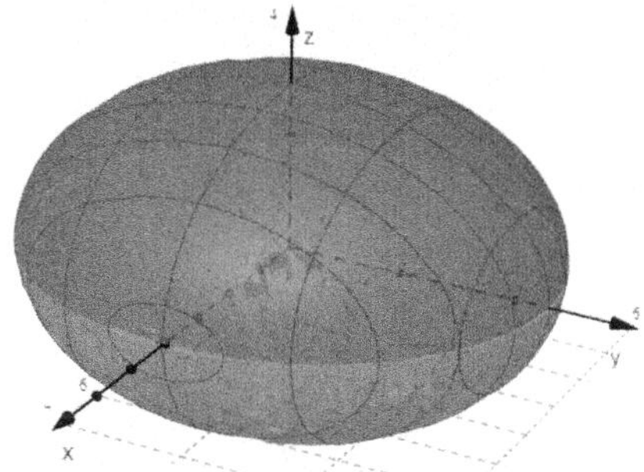

Ejercicio 2: Bosqueje la superficie $\frac{x^2}{4} + \frac{y^2}{9} + z^2 = 1.$

Paraboloide Elíptico

$$\frac{x^2}{a^2} + \frac{y^2}{b^2} = \frac{z}{c}$$

- La variable elevada a la primera potencia indica el eje del paraboloide.
- Las trazas horizontales $z = k$ son elipses $\dfrac{x^2}{a^2} + \dfrac{y^2}{b^2} = \dfrac{k}{c}$.
- Las trazas verticales $x = k$ ó $y = k$ son parábolas.

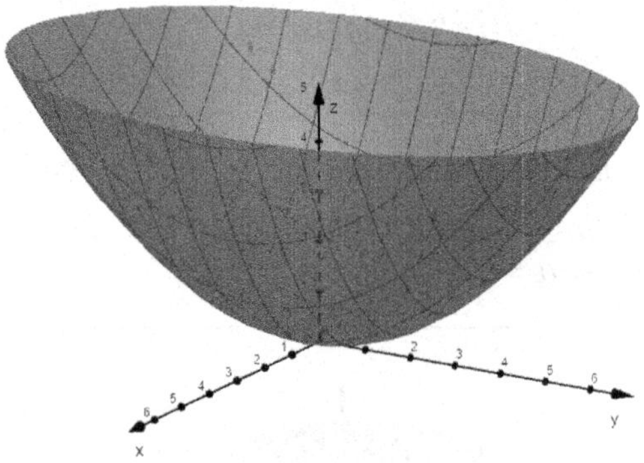

Ejercicio 3: Bosqueje la superficie $x = 4x^2 + z^2$.

Paraboloide Hiperbólico

$$\frac{x^2}{a^2} - \frac{y^2}{b^2} = \frac{z}{c}$$

- La variable elevada a la primera potencia indica el eje del hiperboloide.
- Las trazas horizontales $z = k$ son hipérbolas $\dfrac{x^2}{a^2} - \dfrac{y^2}{b^2} = \dfrac{k}{c}$.
- Las trazas verticales $x = k$ ó $y = k$ son parábolas.

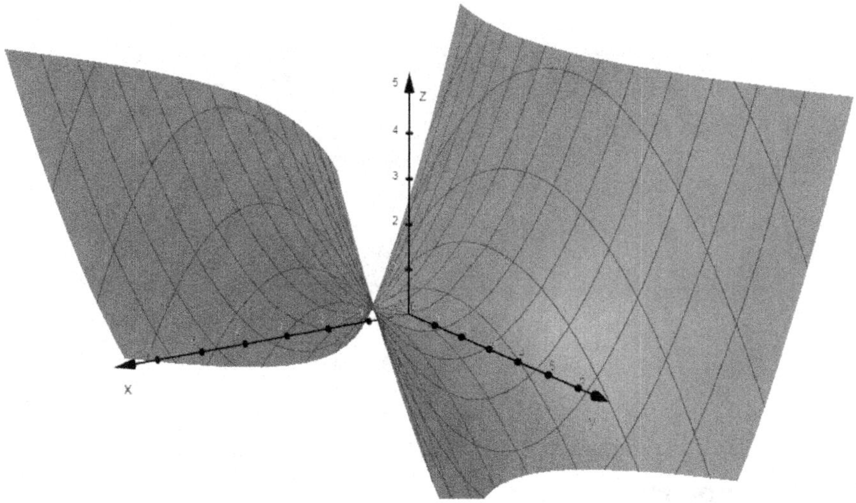

Ejercicio 4: Bosqueje la superficie $z = y^2 - x^2$.

Cono

$$\frac{x^2}{a^2} + \frac{y^2}{b^2} = \frac{z^2}{c^2}$$

- La única variable en un lado de la ecuación indica el eje del cono.
- Las trazas horizontales $z = k$ son elipses.
- Las trazas verticales $x = k$ ó $y = k$ son hipérbolas.

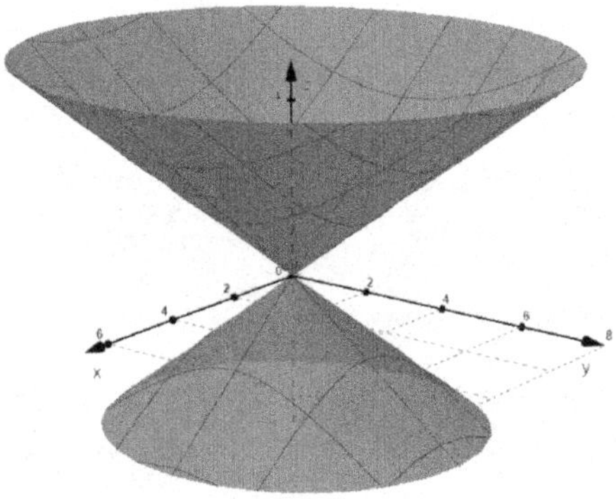

Hiperboloide de una Hoja

$$\frac{x^2}{a^2} + \frac{y^2}{b^2} - \frac{z^2}{c^2} = 1$$

- La variable cuyo coeficiente es negativo indica el eje del hiperboloide.
- Las trazas horizontales $z = k$ son elipses.
- Las trazas verticales $x = k$ ó $y = k$ son hipérbolas.

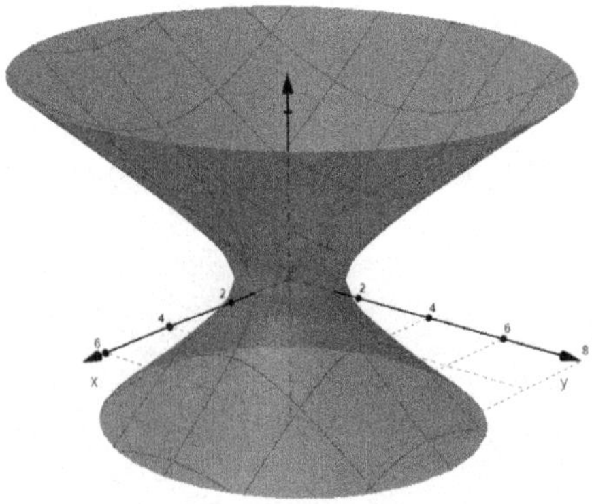

Hiperboloide de dos Hojas

$$-\frac{x^2}{a^2} - \frac{y^2}{b^2} + \frac{z^2}{c^2} = 1$$

- La variable cuyo coeficiente es positivo indica el eje del hiperboloide.
- Las trazas horizontales $z = |k| < c$ son elipses.
- Las trazas verticales $x = k$ ó $y = k$ son hipérbolas.

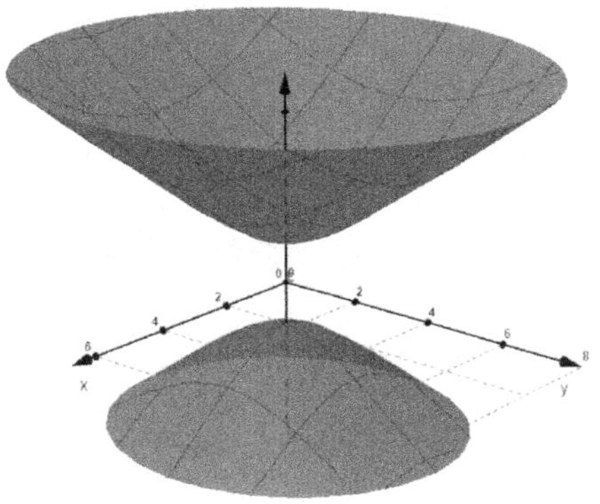

Superficies Cuádricas Generales

Si se presenta la forma general de una ecuación cuadrática en tres variables

$$Ax^2 + By^2 + Cz^2 + Dxy + Exz + Fyz + Gx + Hy + Iz + J = 0$$

La gráficas de esta ecuación corresponde a una superficie cuádrica trasladada y rotada.

Reescriba la ecuación, completando el cuadrado, para identificar el tipo de superficie.

Ejercicio 5: Identifique y bosqueje las siguientes superficies.

a. $x^2 - y^2 + z^2 - 4x - 2y - 2z + 4 = 0$

Complete el cuadrado para $x,\ y,\ z$.

$$\begin{aligned} x^2 - 4x + 4 - y^2 - 2y - 1 + z^2 - 2z + 1 &= 0 \\ (x-2)^2 - (y+1)^2 + (z-1)^2 &= 0 \\ (x-2)^2 + (z-1)^2 &= (y+1)^2 \end{aligned}$$

La superficie es una cono cuyo eje central es el eje-y.
El vértice del cono se encuentra en el punto $(2, 1, -1)$.

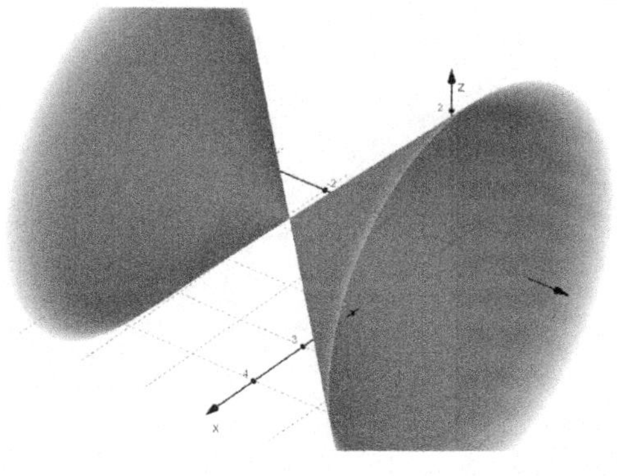

b. $y^2 = x^2 + \frac{1}{4}z^2$ Cono, el eje-y es el eje central.

c. $x^2 + 2y - 2z^2$ Hiperboloide, el eje-y es el eje central.

d. $4x^2 + y^2 + 4z^2 - 4y - 24z + 36 = 0$

13. Repaso de Vectores (12.2)

Definición de un vector

El término **vector** indica una cantidad que tiene una magnitud y una dirección. Se denota por medio de una letra en negrita **v** o con una flecha sobre la letra $\overrightarrow{v}$.
También se representa por el segmento de recta dirigido $\overrightarrow{AB}$, con un punto inicial A y un punto terminal B.

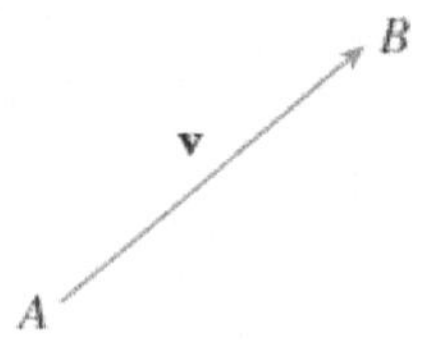

La longitud del segmento representa la magnitud del vector y la flecha indica su dirección.

El **vector cero**, denotado por **0** ó $\overrightarrow{0}$, tiene longitud cero y ninguna dirección en específico.

Sistema de coordenadas y componentes de un vector

Si se introduce un sistema de coordenadas, cada vector se puede representar por medio de sus componentes.

En un sistema bidimensional, el vector $\mathbf{a} = \overrightarrow{OA}$ tiene como punto inicial al origen $(0, 0)$ y el punto terminal tiene las coordenadas (a_1, a_2), por lo que el vector **a** es igual a:

$$\mathbf{a} = \langle\, a_1, a_2 \,\rangle$$

a_1 es la componente horizontal del vector.
a_2 es la componente vertical del vector.

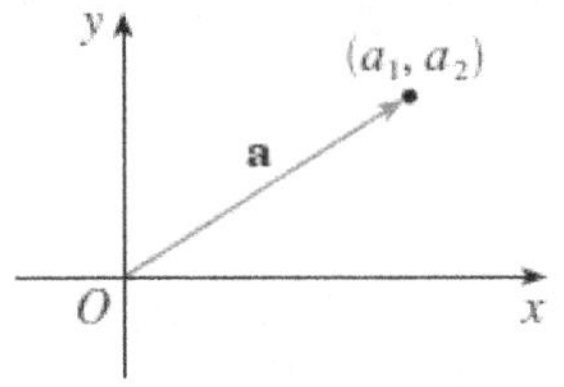

Se utilizan las llaves $\langle\ \rangle$ para diferenciar a un vector de un punto en el plano.

En un sistema tridimensional, el vector $\mathbf{a} = \overrightarrow{OA}$ tiene punto inicial $(0, 0, 0)$ y punto terminal (a_1, a_2, a_3), por lo que el vector **a** es igual a:

$$\mathbf{a} = \langle\, a_1, a_2, a_3 \,\rangle$$

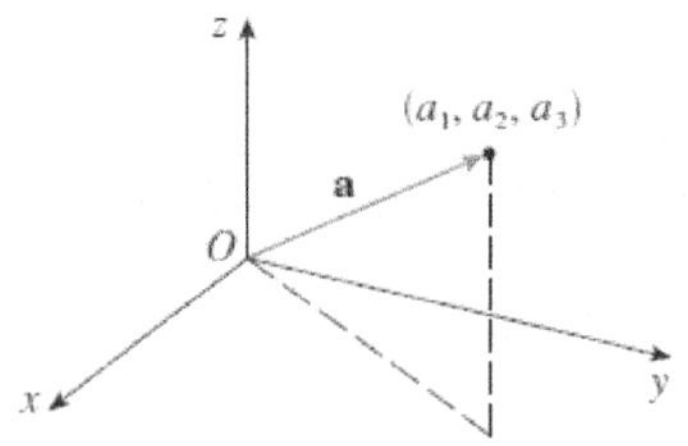

Un vector **a** puede empezar en un punto diferente al origen. Dados dos puntos A y B en el espacio, las componentes del vector $\overrightarrow{AB}$, denotado como **vector posición**, se encuentra al calcular la diferencia entre cada coordenada de los puntos B y A.

$$\overrightarrow{AB} = \langle\, b_1 - a_1,\ b_2 - a_2,\ b_3 - a_3 \,\rangle$$

La fórmula de distancia entre el punto terminal y el origen se utiliza para encontrar la longitud o magnitud de un vector $|\mathbf{v}|$.

La **longitud de un vector**, o magnitud, denotada como $|\mathbf{v}|$ ó $||\mathbf{v}||$, es:

Dos Dimensiones: $|v| = \sqrt{v_1^2 + v_2^2}$

Tres Dimensiones: $|v| = \sqrt{v_1^2 + v_2^2 + v_3^2}$

Ejercicio 1: Considere el vector $\overrightarrow{AB}$ *con punto inicial* $(2, -3, 4)$ *y punto terminal* $(-2, 1, 1)$.

a. Encuentre el vector posición $\mathbf{u} = \overrightarrow{AB}$.

Reste cada componente entre los puntos A y B.

$$\overrightarrow{AB} = \langle\, 2 + 2,\ 1 + 3,\ 1 - 4 \,\rangle = \langle\, 4,\ 4,\ -3 \,\rangle$$

Note que los vectores posiciones $\overrightarrow{AB}$ y $\overrightarrow{BA} = \langle\, -4,\ -4,\ 3 \,\rangle$ son diferentes.

b. Encuentre la longitud del vector $\mathbf{u}$.

Calcule la distancia entre el punto B y el punto A.

$$|\ \overrightarrow{AB}\ | = \sqrt{4^2 + 4^2 + (-3)^2} = \sqrt{16 + 16 + 9} = \sqrt{41}$$

Operaciones de Vectores

Suma de vectores: Sume cada componente de $\mathbf{u} = \langle u_1, u_2, u_3 \rangle$ y $\mathbf{w} = \langle w_1, w_2, w_3 \rangle$.

$$\mathbf{u} + \mathbf{w} = \langle\, u_1 + w_1, u_2 + w_2, u_3 + w_3 \,\rangle$$

Multiplicación por un escalar: Multiplique cada componente del vector $\mathbf{u} = \langle u_1, u_2, u_3 \rangle$ por el número o constante k, denotado como un escalar.

$$\alpha\mathbf{u} = \langle\, ku_1,\ ku_2,\ ku_3 \,\rangle$$

Resta de Vectores: Reste cada componente entre $\mathbf{u} = \langle u_1, u_2, u_3 \rangle$ y $\mathbf{w} = \langle w_1, w_2, w_3 \rangle$

$$\mathbf{u} - \mathbf{w} = \langle\, u_1 - w_1, u_2 - w_2, u_3 - w_3 \,\rangle$$

Las operaciones algebraicas para vectores en dos dimensiones son similares.

$$\mathbf{u} \pm \mathbf{w} = \langle\, u_1 \pm w_1,\ u_2 \pm w_2 \,\rangle$$
$$k\mathbf{u} = \langle\, ku_1,\ ku_2 \,\rangle$$

Ejercicio 2: Sean $\boldsymbol{a} = \langle\, 2, -3, 4 \,\rangle$ *y* $\boldsymbol{b} = \langle\, -2, 1, 1 \,\rangle$.

a. $\mathbf{a} + \mathbf{b} \;=\; \langle\, 2, -3, 4 \,\rangle + \langle\, -2, 1, 1 \,\rangle \;=\; \langle\, 0, -2, 5 \,\rangle$

b. $2\mathbf{a} - 3\mathbf{b} \;=\; \langle\, 4, -6, 8 \,\rangle - \langle\, -6, 3, 3 \,\rangle \;=\; \langle\, 10, -9, 5 \,\rangle$

c. Encuentre $|\mathbf{a} + \mathbf{b}|$, $|\mathbf{a}|$, y $|\mathbf{b}|$.

$$\begin{aligned} |\mathbf{a} + \mathbf{b}| &= \sqrt{0 + 4 + 25} = \sqrt{29} \\ |\mathbf{a}| &= \sqrt{4 + 9 + 16} = \sqrt{29} \\ |\mathbf{b}| &= \sqrt{4 + 1 + 1} = \sqrt{6} \end{aligned}$$

Como $\sqrt{29} \neq \sqrt{29} + \sqrt{6}$, entonces $|\mathbf{a} + \mathbf{b}| \neq |\mathbf{a}| + |\mathbf{b}|$.
En general, $|\mathbf{a}| + |\mathbf{b}| \geqslant |\mathbf{a} + \mathbf{b}|$.

Vectores Bases o Estándar

Los **vectores estándar** de V_3, denotados como $\hat{\imath}, \hat{\jmath}, \hat{k}$, tienen longitud 1 y apuntan en la dirección de cada eje coordenado. Las coordenadas de cada punto son:

$$\begin{aligned} \hat{\imath} = \mathbf{i} &= \langle\, 1, 0, 0 \,\rangle \\ \hat{\jmath} = \mathbf{j} &= \langle\, 0, 1, 0 \,\rangle \\ \hat{k} = \mathbf{k} &= \langle\, 0, 0, 1 \,\rangle \end{aligned}$$

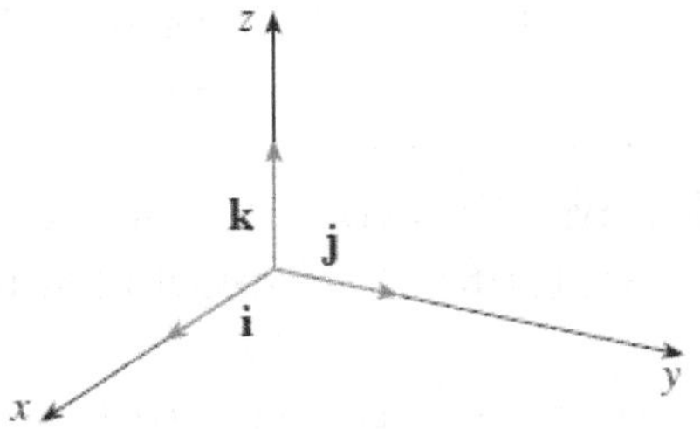

La importancia de tener vectores estándar es que podemos expresar cada vector $\vec{a}$ como una combinación (suma y multiplicación por un escalar) de los vectores estándar.

$$\begin{aligned} \vec{a} &= \langle\, a_1, a_2, a_3 \,\rangle \\ &= a_1 \langle\, 1, 0, 0 \,\rangle + a_2 \langle\, 0, 1, 0 \,\rangle + a_3 \langle\, 0, 0, 1 \,\rangle \\ &= a_1\hat{\imath} + a_2\hat{\jmath} + a_3\hat{k} \end{aligned}$$

Por ejemplo, $\langle\, -4, 2, 3 \,\rangle = -4\vec{i} + 2\vec{j} + 3\vec{k}$.

Vectores Unitarios

Un **vector unitario** $\mathbf{u}$ tiene longitud igual a 1, es decir $|\mathbf{u}| = 1$.

> El vector unitario **u** de un vector **a**, diferente del vector cero, se obtiene al dividir el vector **a** por su magnitud |**a**|.
>
> $$\mathbf{u} = \frac{\mathbf{a}}{|\mathbf{a}|}$$

Note que todos los vectores estándar $\hat{\imath}, \vec{\jmath}, \hat{k}$ son unitarios.

Ejercicio 3: Sean $\boldsymbol{a} = 2\vec{\imath} + 3\vec{k}$ *y* $\boldsymbol{b} = -4\vec{\jmath} + 1\vec{k}$ *.*
Encuentre un vector unitario que tenga la misma dirección que el vector $\boldsymbol{a} - 2\boldsymbol{b}$ *.*

Reste:	$\mathbf{a} - 2\mathbf{b} = 2\vec{\imath} + 3\vec{k} + 8\vec{\jmath} - 2\vec{k} = 2\vec{\imath} + 8\vec{\jmath} + \vec{k}$
Magnitud:	$|\mathbf{a} - 2\mathbf{b}| = \sqrt{4 + 64 + 1} = \sqrt{69}$
Vector Unitario:	$\mathbf{u} = \dfrac{\mathbf{a} - 2\mathbf{b}}{|\mathbf{a} - 2\mathbf{b}|} = \dfrac{1}{\sqrt{69}}\left(2\vec{\imath} + 8\vec{\jmath} + \vec{k}\right)$

El vector $\mathbf{u}$ tiene la misma dirección que $\mathbf{a} - 2\mathbf{b}$.

Producto Punto (12.3)

> El **producto punto** entre dos vectores $\mathbf{a} = \langle a_1, a_2, a_3 \rangle$ y $\mathbf{b} = \langle b_1, b_2, b_3 \rangle$,
> es el número $\mathbf{a} \cdot \mathbf{b}$ dado por:
>
> $$\mathbf{a} \cdot \mathbf{b} = a_1 b_1 + a_2 b_2 + a_3 b_3$$

Sume los productos entre cada componente de **a** y **b** para obtener el producto punto.
Generalizando, el producto punto entre vectores de n dimensiones es:

$$\mathbf{a} \cdot \mathbf{b} = \langle a_1, a_2, \cdots, a_n \rangle \cdot \langle b_1, b_2, \cdots, b_n \rangle = a_1 b_1 + a_2 b_2 + \cdots a_n b_n$$

Los dos vectores tienen que tener la <u>misma dimensión</u> para poder efectuar esta operación.

Ejercicio 4: Calcule el producto punto entre los siguientes vectores:

a. $\mathbf{a} = \langle 6, -2, 3 \rangle$, $\mathbf{b} = \langle 1, 5, -2 \rangle$, $\quad \mathbf{a} \cdot \mathbf{b} = 6(1) - 2(5) + 3(-2) = -10.$

b. $(2\hat{\imath} + 3\hat{\jmath} - 2\hat{k}) \cdot (-2\hat{\imath} - \hat{k}) = 2(-2) + 3(0) - 2(-1) = -4 + 0 + 2 = -2$

c. $\mathbf{a} = \langle 1, 0, -1 \rangle$, $\mathbf{b} = \langle 2, 0, 0 \rangle$, $\quad \mathbf{a} \cdot \mathbf{b} = 1(2) + 0 - 1(2) = 0.$

Ángulo entre dos vectores

El producto punto es el producto de las magnitudes de los vectores **a** y **b** por el coseno del ángulo entre ellos:

$$\mathbf{a} \cdot \mathbf{b} = |\mathbf{a}||\mathbf{b}| \cos \theta$$

Vectores Perpendiculares

Dos vectores son **ortogonales** o **perpendiculares** si el ángulo entre ellos es de $\theta = \frac{\pi}{2}$.

El producto punto nos permite determinar con facilidad si dos vectores no cero de cualquier dimensión son perpendiculares entre sí.

Vectores Ortogonales o Perpendiculares

Dos vectores **a** y **b** son ortogonales si y sólo si $\mathbf{a} \cdot \mathbf{b} = 0$.

Ejercicio 5: Determine si los siguientes vectores son perpendiculares entre sí.

a. $\mathbf{a} = \langle 4, 8 \rangle, \quad \mathbf{b} = \langle -4, 2 \rangle$

Los dos vectores son perpendiculares porque $\mathbf{a} \cdot \mathbf{b} = 4(-4) + 8(2) = 0.$

b. $\mathbf{a} = \langle -2, 5, 3 \rangle, \quad \mathbf{b} = \langle 5, 2, 7 \rangle$

Los dos vectores NO son perpendiculares porque $\mathbf{a} \cdot \mathbf{b} = -2(5) + 5(2) + 3(7) = 21 \neq 0.$

c. $\mathbf{a} = \mathbf{i} + 2\mathbf{j} - 2\mathbf{k}, \quad \mathbf{b} = 2\mathbf{i} - \mathbf{k}$

Los dos vectores NO son perpendiculares porque $\mathbf{a} \cdot \mathbf{b} = 1(2) + 2(0) - 2(-1) = 4 \neq 0.$

El producto cruz

Dados dos vectores no cero $\mathbf{a} = a_1\mathbf{i} + a_2\mathbf{j} + a_3\mathbf{k}$ y $\mathbf{b} = b_1\mathbf{i} + b_2\mathbf{j} + b_3\mathbf{k}$, se puede encontrar un vector no cero **c** que es perpendicular a ambos vectores ($\mathbf{a} \cdot \mathbf{c} = 0$ y $\mathbf{b} \cdot \mathbf{c} = 0$) al calcular el producto cruz de ambos vectores.

El **producto cruz** de dos vectores $\mathbf{a} = a_1\mathbf{i} + a_2\mathbf{j} + a_3\mathbf{k}$ y $\mathbf{b} = b_1\mathbf{i} + b_2\mathbf{j} + b_3\mathbf{k}$, es el vector $\mathbf{a} \times \mathbf{b}$ dado por:

$$\mathbf{a} \times \mathbf{b} = \begin{vmatrix} \mathbf{i} & \mathbf{j} & \mathbf{k} \\ a_1 & a_2 & a_3 \\ b_1 & b_2 & b_3 \end{vmatrix}$$

Observaciones:

- El producto cruz, o el producto vectorial, es un vector, mientras que el producto punto es un número o un escalar.
- El producto cruz no es conmutativo $\mathbf{a} \times \mathbf{b} \neq \mathbf{b} \times \mathbf{a}$.

Ejercicio 6: Encuentre el producto cruz entre $\boldsymbol{a} = \langle 6, 0, -2 \rangle$, *y* $\boldsymbol{b} = \langle 0, 4, 0 \rangle$.

$$\mathbf{a} \times \mathbf{b} = \begin{vmatrix} \mathbf{i} & \mathbf{j} & \mathbf{k} \\ 6 & 0 & -2 \\ 0 & 4 & 0 \end{vmatrix} = \mathbf{i}\begin{vmatrix} 0 & -2 \\ 4 & 0 \end{vmatrix} - \mathbf{j}\begin{vmatrix} 6 & -2 \\ 0 & 0 \end{vmatrix} + \mathbf{k}\begin{vmatrix} 6 & 0 \\ 0 & 4 \end{vmatrix} = 8\mathbf{i} + 0\mathbf{j} + 24\mathbf{k}$$

Se puede verificar con facilidad que $\mathbf{a} \times \mathbf{b}$ es perpendicular a ambos vectores.

$$(\mathbf{a} \times \mathbf{b}) \cdot \mathbf{a} = 8(6) + 0(0) + 24(-2) = 48 - 48 = 0$$
$$(\mathbf{a} \times \mathbf{b}) \cdot \mathbf{b} = 8(0) + 0(4) + 24(0) = 0 + 0 = 0$$

Teorema 9: Longitud del producto cruz

$$|\mathbf{a} \times \mathbf{b}| = |\mathbf{a}||\mathbf{b}| \operatorname{sen}\theta$$

Interpretación del producto cruz: el producto cruz es un vector perpendicular a ambos vectores, su longitud es $|\mathbf{a}||\mathbf{b}| \operatorname{sen}\theta$ y su orientación sigue la regla de la mano derecha.

Adicionalmente, la magnitud del producto cruz se puede interpretar como el área de un paralelogramo determinado por los vectores **a** y **b**.

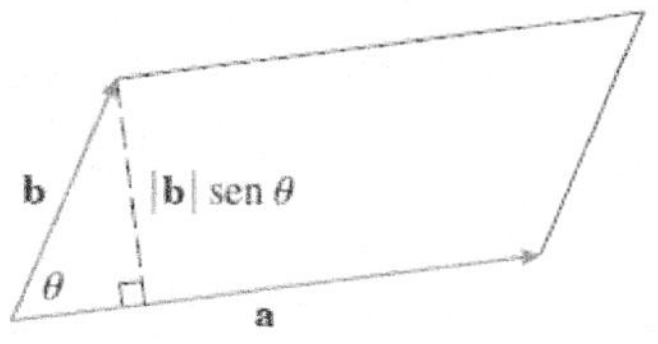

Área de un paralelogramo: determinado por **a** y **b**.

$$A = |\mathbf{a} \times \mathbf{b}| = |\mathbf{a}||\mathbf{b}| \operatorname{sen}\theta$$

Seleccione el ángulo agudo (menor a π radianes) entre ambos vectores.

Vectores Paralelos

Dos vectores son paralelos si el ángulo entre ellos es de 0 radianes.
El producto cruz entre dos vectores paralelos es igual al vector cero.

$$\begin{aligned} |\mathbf{a} \times \mathbf{b}| &= |\mathbf{a}||\mathbf{b}| \operatorname{sen} 0 = 0 \\ \mathbf{a} \times \mathbf{b} &= \mathbf{0} \end{aligned}$$

Dos vectores son paralelos si uno es un múltiplo escalar del otro $\mathbf{a} = k\mathbf{a}$.
Al calcular el producto cruz entre ambos vectores se obtiene que $\mathbf{a} \times (k\mathbf{a}) = k\mathbf{0} = \mathbf{0}$.

Corolario 10: Dos vectores no cero son paralelos si y sólo si

$$\mathbf{a} \times \mathbf{b} = \mathbf{0}$$

Ejercicio 7: Determine si los vectores $\boldsymbol{a} = \langle 1, -2, 3 \rangle$ *y* $\boldsymbol{b} = \langle -3, 6, -9 \rangle$ *son paralelos.*

Los dos vectores son paralelos porque el producto cruz entre ellos es igual al vector cero.

$$\mathbf{a} \times \mathbf{b} = \begin{vmatrix} \mathbf{i} & \mathbf{j} & \mathbf{k} \\ 1 & -2 & 3 \\ -3 & 6 & -9 \end{vmatrix} = \mathbf{i}\begin{vmatrix} -2 & 3 \\ 6 & -9 \end{vmatrix} - \mathbf{j}\begin{vmatrix} 1 & 3 \\ -3 & -9 \end{vmatrix} + \mathbf{k}\begin{vmatrix} 1 & -2 \\ -3 & 6 \end{vmatrix} = 0\mathbf{i} + 0\mathbf{j} + 0\mathbf{k}$$

14. Funciones Vectoriales y Curvas en el espacio (13.1)

En una función vectorial, a cada elemento del dominio (un número real) le corresponde sólo un elemento del rango (un vector).

Definición y Dominio

Usualmente el rango es el conjunto de los vectores en tres dimensiones V_3.

> Una **función vectorial** $\mathbf{r} : \mathbb{R} \to V_3$ tiene la forma:
>
> $$\mathbf{r}(t) = \langle f(t), g(t), h(t) \rangle = f(t)\hat{\imath} + g(t)\hat{\jmath} + h(t)\hat{k}$$

La variable t es un parámetro.

La función vectorial tiene como componentes a las funciones escalares $f(t),\ g(t),\ h(t)$.

> El **dominio de una función vectorial** consiste de todos los valores de t para los cuales la expresión $\mathbf{r}(t)$ está definida.
>
> Es la intersección de todos los dominios de las funciones componentes.

Ejercicio 1: Encuentre el dominio de las siguientes funciones vectoriales.

a. $\mathbf{r}(t) = \langle\ \sqrt{16 - t^2}, e^{-4t}, \ln(t+1)\ \rangle$

$\sqrt{16 - t^2}$	está definida sólo cuando	$-4 \leqslant t \leqslant 4$
e^{-4t}	siempre está definida	$-\infty \leqslant t \leqslant \infty$
$\ln(t+1)$	está definida sólo cuando	$t > -1$

Las tres funciones están definidas cuando $-1 < t \leqslant 4$.
El dominio de $\mathbf{r}(t)$ es $(-1, 4]$.

b. $\mathbf{s}(t) = \left\langle \sin(t),\ \cos^2 t,\ \dfrac{1}{t^4 - 16} \right\rangle$

$\sin(t)$	siempre está definida	$-\infty \leqslant t \leqslant \infty$
$\cos^2(t)$	siempre está definida	$-\infty \leqslant t \leqslant \infty$
$\frac{1}{t^4-16}$	está definida sólo cuando	$t^4 \neq 16$

El dominio de $\mathbf{s}(t)$ es $(-\infty, -2) \cup (-2, 2) \cup (2, \infty)$.

Límites y Continuidad

Analice el límite de cada función componente para evaluar el límite de una función vectorial.

Límite de una función vectorial cuando t se acerca al número a.

$$\lim_{t\to a} \mathbf{r}(t) = \left\langle \lim_{t\to a} f(t),\ \lim_{t\to a} g(t),\ \lim_{t\to a} h(t) \right\rangle$$

Observaciones:

- El límite de la función vectorial existe si cada uno de los límites de las funciones componentes existen.
- Si el límite de al menos una función componente no existe, entonces el límite de la función vectorial no existe.

Una función vectorial es continua en $t = a$, si y sólo si cada una de sus funciones componentes es continua en $t = a$.

Una función vectorial es **continua** en $t = a$ si

$$\lim_{t\to a} \mathbf{r}(t) = \mathbf{r}(a)$$

Ejercicio 2: Sea $\boldsymbol{r}(t) = \left\langle 3e^{-t},\ \dfrac{\sin \pi t}{t},\ \tan 2\pi t \right\rangle$.

a. Analice si la función vectorial $\mathbf{r}$ es continua en $t = 1$.

$$\begin{aligned} \mathbf{r}(1) &= \left\langle 3e^{-1},\ \frac{\sin \pi}{1},\ \tan 2\pi \right\rangle = \left\langle 3e^{-1},\ 0,\ 0 \right\rangle \\ \lim_{t\to 1} \mathbf{r}(t) &= \left\langle 3e^{-1},\ 0,\ 0 \right\rangle \end{aligned}$$

La función vectorial es continua en $t = 1$ $\lim_{t\to 1} \mathbf{r}(t) = \mathbf{r}(1)$.

b. Analice si la función $\mathbf{r}$ es continua en $t = 0$ y analice su límite cuando $t \to 0$.

La función $\mathbf{r}$ no es continua en $t = 0$ porque $\dfrac{\sin \pi t}{t}$ se indefine en $t = 0$.

$$\begin{aligned} \lim_{t\to 0} \frac{\sin \pi t}{t} &\overbrace{=}^{LH} \lim_{t\to 0} \frac{\pi \cos(\pi t)}{1} = \pi \cos \pi = -\pi \\ \lim_{t\to 0} \mathbf{r}(t) &= \left\langle 3,\ -\pi,\ 0 \right\rangle \end{aligned}$$

Curvas en el espacio

Una **curva en el espacio** es el conjunto de puntos $(x(t), y(t), z(t))$ en el espacio a medida que el parámetro t varía.

Una curva en el espacio se puede imaginar como la trayectoria de una partícula en movimiento en el tiempo t.

Ecuaciones Paramétricas de una curva en el espacio con parámetro $t \in \mathbb{R}$.

$$x = f(t)$$
$$y = g(t)$$
$$z = h(t)$$

- Una curva paramétrica en el plano se representa por medio de la función vectorial.

$$\mathbf{r}(t) \;=\; f(t)\hat{\imath} + g(t)\hat{\jmath}$$

- La línea recta $\mathbf{r}(t) = \mathbf{r}_o + \mathbf{v}t$ es una curva en el espacio.

Ejercicio 3: Encuentre la función vectorial y las ecuaciones paramétricas del segmento de recta que une a los dos puntos dados.

a. $P(3, 2-1)$ y $Q(5, 3, 1)$

Vector Posición: $\mathbf{r}_o = \overrightarrow{OP} = \langle 3, 2, -1\rangle$

Vector Dirección: $\mathbf{v} = \overrightarrow{PQ} = \langle 2, 1, 2\rangle$

Función Vectorial: $\mathbf{r}(t) = \langle 3, 2, -1\rangle + t\,\langle 2, 1, 2\rangle$

Ecuaciones Paramétricas: $x(t) = 3 + 2t,$

$y(t) = 2 + t,$

$z(t) = -1 + 2t, \qquad 0 \leqslant t \leqslant 1$

b. $Q(5, 3, 1)$ y $R(2, 2, 2)$

Vector Posición: $\mathbf{r}_o = \overrightarrow{OQ} = \langle 5, 3, 1\rangle$

Vector Dirección: $\mathbf{v} = \overrightarrow{QR} = \langle -3, -1, 1\rangle$

Función Vectorial: $\mathbf{r}(t) = \langle 5, 3, 1\rangle + t\,\langle -3, -1, 1\rangle$

Ecuaciones Paramétricas: $x(t) = 5 - 3t,$

$y(t) = 3 - t,$

$z(t) = 1 + t, \qquad 0 \leqslant t \leqslant 1$

Ejercicio 4: Grafique la curva con la ecuación vectorial dada.

a. *La **hélice circular** cuya ecuación es:*

$$\mathbf{r}(t) = 2\hat{\imath}\sin(t) + 2\hat{\jmath}\cos(t) + \hat{k}\frac{t}{\pi}$$

Identifique la superficie donde está la curva.

Como $x^2 + y^2 = 4\sin^2 t + 4\cos^2 t = 4$.
La curva está sobre un cilindro circular de radio 2 cuyo eje central es el eje-z.

Utilice una tabla de valores para observar como cambian los valores de z.

t	x	y	z
0	0	2	0
$\pi/2$	2	0	1/2
π	0	-2	1
$3\pi/2$	-2	0	3/2
2π	0	2	2

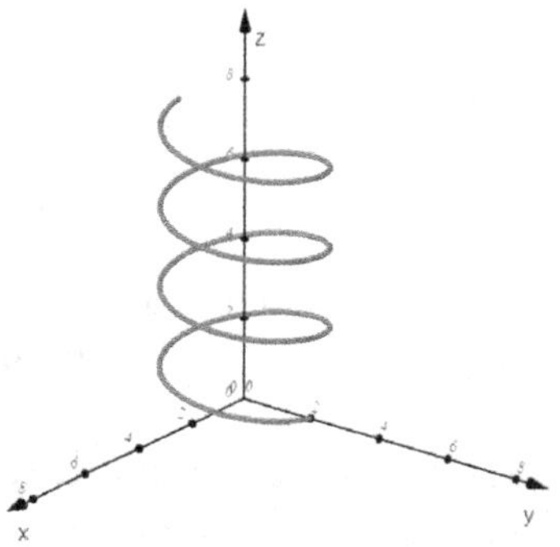

Los valores de x, y se encuentran entre -2 y 2.
Los valores de z aumentan a medida que t aumenta.
La hélice se mueve en sentido horario y asciende a lo largo del eje-z.

b. $\mathbf{r}(t) = \langle\, \sin(\pi t),\ 2t,\ \cos(\pi t)\, \rangle$

Como $x^2 + z^2 = \sin^2(\pi t) + \cos^2(\pi t) = 1$.
La curva está sobre un cilindro circular de radio 1 cuyo eje central es el eje-y.

Utilice una tabla de valores para observar como cambian los valores de x, y, z.

t	x	y	z
0	0	0	1
1/2	1	1	0
1	0	2	-1
3/2	-1	3	0
2	0	4	1

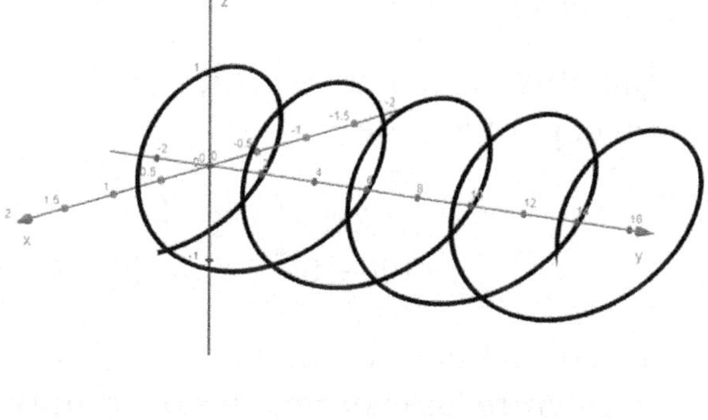

Ejercicio 5: Encuentre ecuaciones paramétricas que representan a la curva de intersección entre el cilindro $y^2 + z^2 = 1$ *y el plano* $x + y + z = 2$.

La curva de intersección entre el cilindro y el plano es una elipse.

Como la curva está sobre el cilindro
$y = \cos t, \quad z = \sin t, \quad 0 \leqslant t \leqslant 2\pi.$

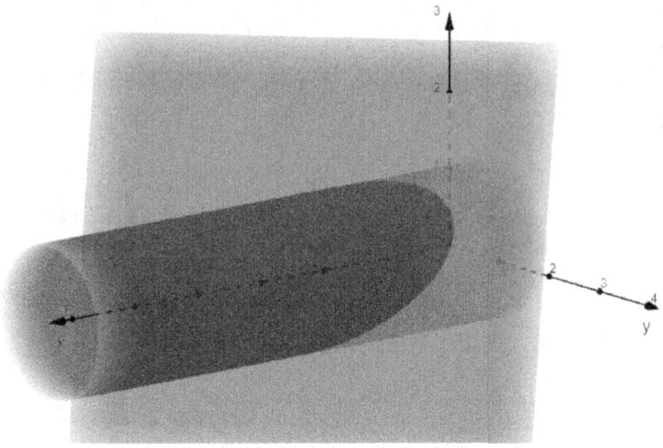

Sustituya y, z, en la ec. del plano para encontrar x.

Las ecs. paramétricas de la curva, $0 \leqslant t \leqslant 2\pi$ son:

$$\begin{aligned} x &= 2 - \cos t - \sin t, \\ y &= \cos t, \\ z &= \sin t, \end{aligned}$$

Ejercicio 6: Encuentre ecuaciones paramétricas que representen la curva de intersección entre el cilindro $x^2 + y^2 = 4$ *y el plano* $x + z = 4$.

La curva está sobre el cilindro $4\cos^2 t + 4\sin^2 t = 4$
$x = 2\cos t, \quad y = 2\sin t, \quad 0 \leqslant t \leqslant 2\pi.$

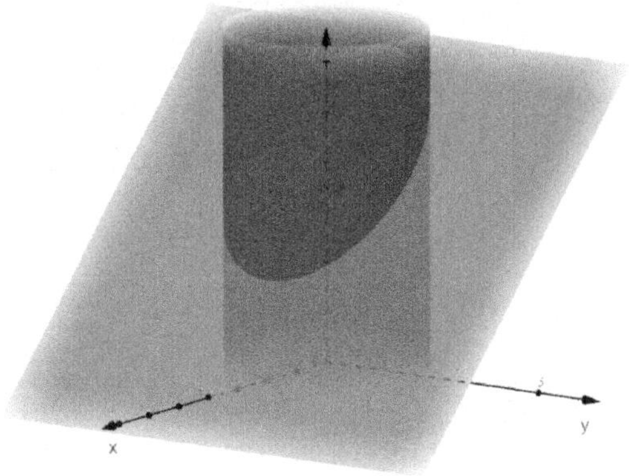

Sustituya x en la ec. del plano para encontrar $z = 4 - x = 4 - 2\cos t$.

Las ecs. paramétricas de la curva, $0 \leqslant t \leqslant 2\pi$ son:

$$\begin{aligned} x &= 2\cos t, \\ y &= 2\sin t, \\ z &= 4 - 2\cos t, \end{aligned}$$

Ejercicio 7: Encuentre los puntos en los que la parábola $\mathbf{s}(t) = 2t\hat{\imath} + (10t - t^2)\hat{k}$ *intersecta al paraboloide.* $z = x^2 + y^2$.

Sustituya la curva $x = 2t, \quad y = 0, \quad z = 10t - t^2$
en el paraboloide $z = x^2 + y^2$.

$$\begin{aligned} 10t - t^2 &= 4t^2 \\ 10t - 5t^2 &= 5t(2 - t) = 0 \end{aligned}$$

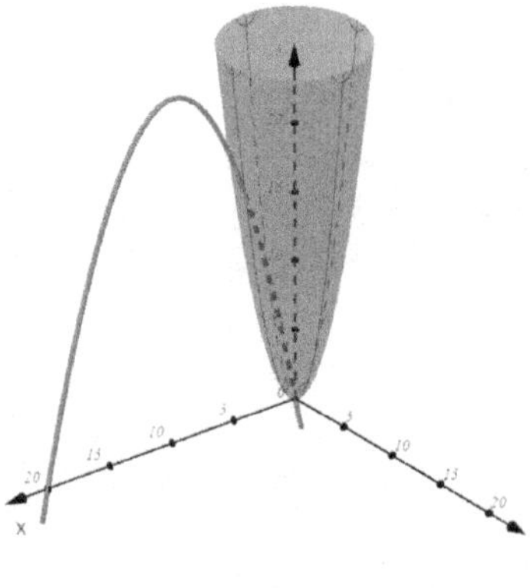

La curva intersecta al paraboloide en $t = 0, 2$.
Encuentre las coordenadas del punto.

$$\begin{aligned} \mathbf{s}(0) &= 0\hat{\imath} + 0\hat{\jmath} + 0\hat{k} \\ \mathbf{s}(2) &= 4\hat{\imath} + 0\hat{\jmath} + 16\hat{k} \end{aligned}$$

15. Cálculo en funciones vectoriales (13.2)

El cálculo en funciones vectoriales es una extensión del cálculo diferencial e integral.

Derivadas de Funciones Vectoriales

La **derivada r′** se define se similar manera que para las funciones de valores reales.

$$\mathbf{r}'(t) = \lim_{h \to 0} \frac{\mathbf{r}(t+h) - \mathbf{r}(t)}{h}$$

Si se conocen los componentes de la función vectorial, la derivada de la función vectorial se obtiene al derivar cada función componente.

Sea $\mathbf{r}(t) = \langle f(t), g(t), h(t) \rangle$, si las funciones componentes son derivables, entonces la **derivada de la función vectorial r′(t)** es:

$$\mathbf{r}'(t) = \langle f'(t), g'(t), h'(t) \rangle$$

Interpretación de r′(t)

La derivada de la función vectorial **r(a)** es el **vector tangente** a la curva **r(t)** en el punto donde $t = a$.

El vector tangente **r′(t)** indica la magnitud y la dirección de la razón de cambio de **r** con respecto al parámetro t.

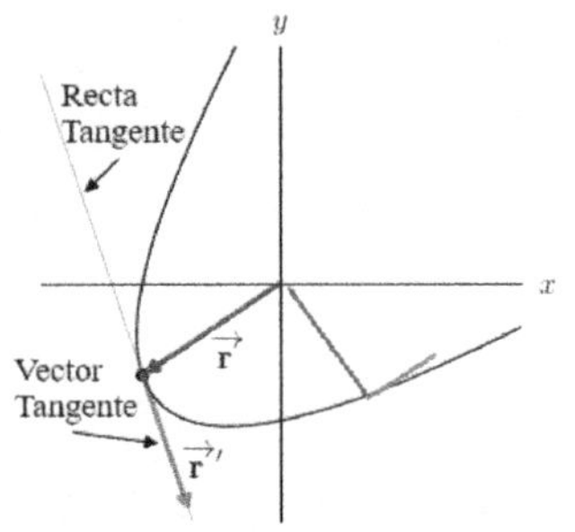

El **vector tangente** de la función vectorial $\mathbf{r}(t)$ es $\mathbf{r}'(t)$.

El **vector tangente unitario,** denotado como $\mathbf{T}(t)$, se define como

$$\mathbf{T}(t) = \frac{\mathbf{r}'(t)}{|\mathbf{r}'(t)|} \qquad \text{si } \mathbf{r}'(t) \neq \vec{0}$$

Podemos encontrar las derivadas de orden superior de **r** si se continuan derivando las funciones componentes.

Ejercicio 1: Encuentre la primera y segunda derivada de las siguientes funciones.

a. $\mathbf{r}(t) = \langle\, t \sin t, t^2, -\ln(\cos t)\, \rangle$

$$\mathbf{r}'(t) = \langle \sin t + t \cos t, 2t, \tan t \rangle$$
$$\mathbf{r}''(t) = \langle 2\cos t - t \sin t, 2, \sec^2 t \rangle$$

b. $\mathbf{s}(t) = \hat{\imath}\ln(\sec(4t)) + \hat{\jmath}\ln(4t+1) + \hat{k}\sqrt{5-2t}$

$$\mathbf{s}'(t) = 4\hat{\imath}\tan(4t) + 4\hat{\jmath}(4t+1)^{-1} - \hat{k}(5-2t)^{-1/2}$$
$$\mathbf{s}''(t) = 16\hat{\imath}\sec(4t)\tan(4t) - 16\hat{\jmath}(4t+1)^{-2} + \hat{k}(5-2t)^{-3/2}$$

Las derivadas de funciones vectoriales pueden contener el producto punto o el cruz.

Ejercicio 2: Sea $\mathbf{r}(t) = \langle t^2+4, t-2, \frac{2}{3}t^3\rangle$

a. Evalúe $\mathbf{r}'(t)$, $\mathbf{r}''(t)$ y $\mathbf{r}'''(t)$.

$$\mathbf{r}'(t) = \langle 2t, 1, 2t^2\rangle$$
$$\mathbf{r}''(t) = \langle 2, 0, 4t\rangle$$
$$\mathbf{r}'''(t) = \langle 0, 0, 4\rangle$$

b. Evalúe $\mathbf{r}'(t)\cdot\mathbf{r}''(t)$

$$\mathbf{r}'(t)\cdot\mathbf{r}''(t) = \langle 2t, 1, 2t^2\rangle \cdot \langle 2, 0, 4t\rangle$$
$$\mathbf{r}'(t)\cdot\mathbf{r}''(t) = 4t + 8t^3$$

c. Evalúe $\mathbf{r}'(t)\times\mathbf{r}'''(t)$

$$\mathbf{r}'(t)\times\mathbf{r}'''(t) = \begin{vmatrix} \hat{\imath} & \hat{\jmath} & \hat{k} \\ 4t & 1 & 3t^2 \\ 0 & 0 & 4 \end{vmatrix}$$
$$\mathbf{r}'(t)\times\mathbf{r}''(t) = \hat{\imath}\begin{vmatrix} 1 & 3t^2 \\ 0 & 4 \end{vmatrix} - \hat{\jmath}\begin{vmatrix} 4t & 3t^2 \\ 0 & 4 \end{vmatrix} + \hat{k}\begin{vmatrix} 4t & 1 \\ 0 & 0 \end{vmatrix}$$
$$\mathbf{r}'(t)\times\mathbf{r}''(t) = 4\hat{\imath} - 16t\hat{\jmath}$$

d. Encuentre el vector tangente y el vector tangente unitario a la curva en $t=-1$.

$$r'(t) = \langle 2t, 1, 2t^2\rangle$$
$$r'(1) = \langle 2, 1, 2\rangle$$
$$|r'(1)| = \sqrt{4+1+4} = 3$$
$$\mathbf{T}(1) = \frac{r'(1)}{|r'(1)|} = \langle\frac{2}{3}, \frac{1}{3}, \frac{2}{3}\rangle$$

La ecuación vectorial de la **recta tangente** a la curva $\mathbf{r}(t)$ en $t = a$ es:

$$\mathbf{r}_{tan}(t) = \mathbf{r}(a) + \mathbf{r}'(a)t$$

Ejercicio 3: Encuentre las ecuaciones paramétricas de la recta tangente a la curva $\mathbf{r}(t) = \langle 2\cos t, 2\sin t, 4\cos 2t\rangle$ *en el punto* $(\sqrt{3}, 1, 2)$.

Encuentre el valor del parámetro t que pasa por el punto $(\sqrt{3}, 1, 2)$.

$$\begin{aligned} \cos t &= \tfrac{\sqrt{3}}{2} && \Rightarrow && t = \tfrac{\pi}{6} \\ \sin t &= \tfrac{1}{2} && \Rightarrow && t = \tfrac{\pi}{6} \\ \cos 2t &= \tfrac{1}{2} && \Rightarrow && 2t = \tfrac{\pi}{3} \end{aligned}$$

Encuentre el vector tangente en $t = \dfrac{\pi}{6}$.

$$\begin{aligned} \mathbf{r}'(t) &= \langle -2\sin t, 2\cos t, -8\sin 2t\rangle \\ \mathbf{r}'(t) &= \langle -2\sin\tfrac{\pi}{6}, 2\cos\tfrac{\pi}{6}, -8\sin\tfrac{\pi}{3}\rangle = \langle -1,\ \sqrt{3},\ -4\sqrt{3}\rangle \end{aligned}$$

Ecuación vectorial y ecuaciones paramétricas de la recta tangente.

$$\mathbf{r}_{tan}(t) = \mathbf{r}(\pi/6) + t\mathbf{r}'(\pi/6) = \langle \sqrt{3}, 1, 2\rangle + t\langle\ -1,\ \sqrt{3},\ -4\sqrt{3}\ \rangle$$

$$x = \sqrt{3} - t$$

$$y = 1 + t\sqrt{3}$$

$$z = 2 - 4t\sqrt{3}$$

Reglas de Derivación: suponga que **u** y **v** son funciones vectoriales derivables, c es un escalar, y f es una función de valores reales, entonces

1. $\dfrac{d}{dt}\Big[\mathbf{u}(t) + \mathbf{v}(t)\Big] = \mathbf{u}'(t) + \mathbf{v}'(t)$

2. $\dfrac{d}{dt}\Big[c\mathbf{u}(t)\Big] = c\mathbf{u}'(t)$

3. $\dfrac{d}{dt}\Big[f(t)\mathbf{v}(t)\Big] = f'(t)\mathbf{u}(t) + f(t)\mathbf{u}'(t)$

4. $\dfrac{d}{dt}\Big[\mathbf{u}(t)\cdot\mathbf{v}(t)\Big] = \mathbf{u}'(t)\cdot\mathbf{v}(t) + \mathbf{u}(t)\cdot\mathbf{v}'(t)$

5. $\dfrac{d}{dt}\Big[\mathbf{u}(t)\times\mathbf{v}(t)\Big] = \mathbf{u}'(t)\times\mathbf{v}(t) + \mathbf{u}(t)\times\mathbf{v}'(t)$

6. $\dfrac{d}{dt}\mathbf{u}(f(t)) = \mathbf{u}'(f(t))f'(t)$ **Regla de la Cadena**

Integrales de Funciones Vectoriales

La integral de una función vectorial se obtiene al integrar cada una de las funciones componentes respecto al parámetro t.

La **integral definida** de $\mathbf{r}(t)$ desde $t = a$ hasta $t = b$ es:

$$\int_a^b \mathbf{r}(t)\, dt = \int_a^b \Big[f(t)\hat{\imath} + g(t)\hat{\jmath} + h(t)\hat{k} \Big]\, dt$$

La antiderivada de $\mathbf{r}(t)$, denotada como $\mathbf{R}(t)$, es una función tal que $\mathbf{R}'(t) = \mathbf{r}(t)$.

El teorema fundamental del Cálculo para funciones vectoriales se escribe como:

$$\int_a^b \mathbf{r}(t)\, dt = \mathbf{R}(t)\Big]_{t=a}^{t=b} = \mathbf{R}(b) - \mathbf{R}(a)$$

La **integral indefinida** de la función vectorial $\mathbf{r}(t)$ es:

$$\int \mathbf{r}(t)\, dt = \mathbf{R}(t) + \vec{C},$$

donde $\vec{C} = \langle c_1, c_2, c_3 \rangle$ es un vector contante de integración.

La integración y la diferenciación son procesos inversos, al igual que en funciones de una sola variable.

Ejercicio 4: Evalúe las siguientes integrales.

a. $\displaystyle\int_0^1 \left[\frac{4}{1+t^2}\hat{\imath} + \sec^2\left(\frac{\pi t}{4}\right)\hat{k} \right] dt$

Integre cada función componente, luego evalúe cada antiderivada.

$$\begin{aligned} 4\hat{\imath}\int_0^1 \frac{1}{1+t^2}\, dt \;+\; \hat{k}\int_0^1 \sec^2\left(\frac{\pi t}{4}\right) dt &= 4\hat{\imath}\tan^{-1}(t) \;+\; \frac{4}{\pi}\hat{k}\tan\left(\frac{\pi t}{4}\right)\Big]_0^1 \\ &= 4\hat{\imath}\frac{\pi}{4} \;+\; \frac{4}{\pi}(1)\hat{k} - 0\hat{\imath} - 0\hat{k} \\ &= \pi\hat{\imath} \;+\; \frac{4}{\pi}\hat{k} \end{aligned}$$

b. $\int \left\langle (4t+4)e^{t^2+2t},\ (t^2+2)\sin t,\ 3\cos^3 t \right\rangle\, dt$

Por simplicidad, integre cada una de las funciones componentes aparte.

Utilice la sustitución $u = t^2 + 2t,\ du = 2t + 2$ en la primera integral.

$$\int 2(2t+2)e^{t^2+2t}\, dt = 2\int e^u du = e^u = e^{t^2+2t} + c_1$$

Utilice integración por partes tabular en la segunda integral.

$$\int t\sin t\, dt = -(t^2+2)\cos t + 2t\sin t + 2\cos t + c_2$$

D		I
t^2+2		$\sin t$
$2t$	$+ \searrow$	$-\cos t$
2	$- \searrow$	$-\sin t$
0	$+ \searrow$	$\cos t$

Utilice sustitución trigonométrica en la tercera integral.

$$\int 3\cos^3(t)dt = \int 3\cos^2(t)\cos(t)dt = \int 3(1-\sin^2(t))\cos(t)dt$$

$$u = \sin(t) \quad du = \cos(t)dt$$

$$\int (3-3u^2)du = 3u - u^3 + c_3 = 3\sin(t) - \sin^3(t) + c_3$$

La integral indefinida de la función vectorial es:

$$\begin{aligned}\int \left\langle (4t+4)e^{t^2+2t},\ (t^2+2)\sin t,\ 3\cos^3 t \right\rangle\, dt &= \hat{\imath}(e^{t^2+2t} + c_1)\\ &+ \hat{\jmath}(-(t^2+2)\cos t + 2t\sin t + 2\cos t + c_2)\\ &+ \hat{k}(3\sin(t) - \sin^3(t) + c_3)\end{aligned}$$

16. Movimiento en el espacio (13.4)

Considere un objeto o partícula que se mueve en el espacio en el tiempo t.

Dado el **vector de posición** $\mathbf{r}(t)$ de una partícula.

Velocidad	$\mathbf{v}(t) = \mathbf{r}'(t)$
Aceleración	$\mathbf{a}(t) = \mathbf{v}'(t)$
Rapidez	$s = \lvert \mathbf{r}'(t) \rvert$

Dado el vector de aceleración $\mathbf{a}(t)$ de una partícula

Velocidad	$\mathbf{v}(t) = \int \mathbf{a}(t)dt + \vec{C}_1$
Posición	$\mathbf{r}(t) = \int \mathbf{v}(t)dt + \vec{C}_2$

Use la velocidad inicial $\mathbf{v}(0) = \langle v_1, v_2, v_3 \rangle$ y la posición inicial $\mathbf{r}(0) = \langle x_o, y_o, z_o \rangle$ para determinar cada vector constante de integración $\vec{C}_1$ y $\vec{C}_2$.

Ejercicio 1: Encuentre la velocidad, aceleración y rapidez dada la posición del objeto.

a. $\mathbf{r}(t) = \hat{\imath}t + 2\hat{\jmath}\cosh 4t + 3\hat{k}\sinh 3t$

Velocidad: $\mathbf{v}(t) = \mathbf{r}'(t) = \langle 1, 8\sinh 4t, 9\cosh 3t \rangle$

Aceleración: $\mathbf{a}(t) = \mathbf{r}''(t) = \langle 0, 32\cosh 4t, 27\sinh 3t \rangle$

Rapidez: $|\mathbf{v}(t)| = \sqrt{1 + 64\sinh^2 4t + 81\cosh^2 3t}$

b. $\mathbf{s}(t) = 4t\hat{\imath} + \hat{\jmath}\ln(\sec 4x + \tan 4x) + \hat{k}\ln(\sec 4x)$

Velocidad: $$\mathbf{v}(t) = \mathbf{s}'(t) = \left\langle 4, \frac{4\sec(4x)\tan(4x) + 4\sec^2(4x)}{\sec(4x) + \tan(4x)}, \frac{4\sec(4x)\tan(4x)}{\sec(4x)} \right\rangle$$

$$\mathbf{v}(t) = \langle 4, 4\sec(4x), 4\tan(4x) \rangle$$

Aceleración: $\mathbf{a}(t) = \mathbf{s}''(t) = \langle 0, 16\sec(4x)\tan(4x), 16\sec^2(4x) \rangle$

Rapidez: $|\mathbf{v}(t)| = \sqrt{16 + 16\sec^2(4x) + 16\tan^2(4x)} = 4\sqrt{1 + \sec^2(4x)}$

Ejercicio 2: Encuentre la velocidad y posición del objeto dada la aceleración y condiciones iniciales.

a. $\mathbf{a}(t) = 6t\hat{\imath} + \cos t\hat{\jmath} - 4\hat{k}\sin 2t$, velocidad inicial $\mathbf{v}(0) = \hat{\imath}$ y posición inicial $\mathbf{s}(0) = 2\hat{\imath} - \hat{k}$.

$$\begin{aligned}
\mathbf{v}(t) &= \int \mathbf{a}(t)dt = (3t^2 + c_1)\hat{\imath} + (\sin t + c_2)\hat{\jmath} + (2\cos(2t) + c_3)\hat{k} \\
\mathbf{v}(0) &= c_1\hat{\imath} + c_2\hat{\jmath} + (2 + c_3)\hat{k} = 1\hat{\imath} \qquad \Rightarrow \qquad c_1 = 1,\ c_2 = 0,\ c_3 = -2 \\
\mathbf{v}(t) &= (3t^2 + 1)\hat{\imath} + (\sin t)\hat{\jmath} + (2\cos(2t) - 2)\hat{k} \\
\mathbf{s}(t) &= \int \mathbf{v}(t)dt = (t^3 + t + c_1)\hat{\imath} + (c_2 - \cos t)\hat{\jmath} + (\sin(2t) - 2t + c_3)\hat{k} \\
\mathbf{s}(0) &= c_1\hat{\imath} + (c_2 - 1)\hat{\jmath} + c_3\hat{k} = 2\hat{\imath} + 0\hat{\jmath} - \hat{k} \qquad \Rightarrow \qquad c_1 = 2,\ c_2 = 1,\ c_3 = -1 \\
\mathbf{s}(t) &= (t^3 + t + 2)\hat{\imath} + (1 - \cos t)\hat{\jmath} + (\sin(2t) - 2t - 1)\hat{k}
\end{aligned}$$

b. $\mathbf{a}(t) = 8t\hat{\imath} + t^2\hat{\jmath} - \hat{k}\sin 2t$, velocidad inicial $\mathbf{v}(0) = \hat{0}$, y posición inicial $\mathbf{s}(0) = 2\hat{\imath} - 3\hat{\jmath}$.

$$\begin{aligned}
\mathbf{v}(t) &= \int \mathbf{a}(t)dt = (4t^2 + c_1)\hat{\imath} + \left(\tfrac{t^3}{3} + c_2\right)\hat{\jmath} + \left(\tfrac{1}{2}\cos(2t) + c_3\right)\hat{k} \\
\mathbf{v}(0) &= c_1\hat{\imath} + c_2\hat{\jmath} + \left(\tfrac{1}{2} + c_3\right)\hat{k} = \hat{0} \qquad \Rightarrow \qquad c_1 = 0,\ c_2 = 0,\ c_3 = -\tfrac{1}{2} \\
\mathbf{v}(t) &= 4t^2\hat{\imath} + \tfrac{t^3}{3}\hat{\jmath} + \left(\tfrac{1}{2}\cos(2t) - \tfrac{1}{2}\right)\hat{k} \\
\mathbf{s}(t) &= \int \mathbf{v}(t)dt = \left(\tfrac{4t^3}{3} + c_1\right)\hat{\imath} + \left(\tfrac{t^4}{12} + c_2\right)\hat{\jmath} + \left(\tfrac{1}{4}\sin(2t) - \tfrac{t}{2} + c_3\right)\hat{k} \\
\mathbf{s}(0) &= c_1\hat{\imath} + c_2\hat{\jmath} + c_3\hat{k} = 2\hat{\imath} - 3\hat{\jmath} + 0\hat{k} \qquad \Rightarrow \qquad c_1 = 2,\ c_2 = -3,\ c_3 = 0 \\
\mathbf{s}(t) &= \left(\tfrac{4t^3}{3} + 2\right)\hat{\imath} + \left(\tfrac{t^4}{12} - 3\right)\hat{\jmath} + \left(\tfrac{1}{4}\sin(2t) - \tfrac{t}{2}\right)\hat{k}
\end{aligned}$$

17. Longitud de Arco (13.3)

En la sección 10.2 se definió la longitud de arco de una curva plana con ecuaciones paramétricas $x = f(t),\ y = g(t),\ a \leqslant t \leqslant b$

$$L = \int_a^b \sqrt{[x'(t)]^2 + [y'(t)]^2}\, dt$$

La **longitud de arco** de una curva en el espacio con ecuaciones paramétricas $x = f(t),\ y = g(t),\ z = h(t)\ a \leqslant t \leqslant b$ se define de manera similar

$$L = \int_a^b \sqrt{[x'(t)]^2 + [y'(t)]^2 + [z'(t)]^2}\, dt$$

La longitud de arco se puede definir de manera más compacta si se utiliza la función vectorial $\mathbf{r}(t) = \langle x(t), y(t), z(t)\rangle$

$$\mathbf{r}'(t) = \langle x'(t), y'(t), z'(t)\rangle$$
$$|\mathbf{r}'(t)| = \sqrt{[x'(t)]^2 + [y'(t)]^2 + [z'(t)]^2}$$

La **longitud de arco** de la curva descrita por la función vectorial $\mathbf{r}(t) = \langle x(t), y(t), z(t)\rangle$ en $a \leqslant t \leqslant b$ es:

$$L = \int_a^b |\mathbf{r}'(t)|\, dt$$

Observaciones:

- La longitud de arco de la curva es la integral de la magnitud del vector tangente.
- Una curva puede tener diferentes parametrizaciones, pero su longitud de arco es única.
- Para obtener la longitud de arco correcta la parametrización debe recorrer la curva SÓLO una vez.

Ejercicio 1: Encuentre la longitud de arco de las curvas descritas por las sigs. funciones vectoriales.

a. $\mathbf{r}(t) = \langle \cos t, \sin t, \ln(\cos t) \rangle$, en $0 \leqslant t \leqslant \dfrac{\pi}{4}$.

Vector Tangente $\quad \mathbf{r}'(t) = \langle -\sin t, \cos t, -\tan t \rangle$

Magnitud Vector Tangente $\quad |\mathbf{r}'(t)| = \sqrt{\sin^2 t + \cos^2 t + \tan^2 t}$

$$= \sqrt{1 + \tan^2 t} = \sqrt{\sec^2 t} = |\sec t|$$

Como $\sec t \geqslant 0$ en $0 \leqslant t \leqslant \dfrac{\pi}{4}$, entonces $|\sec t| = \sec t$.

$$L = \int_0^{\frac{\pi}{4}} |\mathbf{r}'(t)|\, dt$$

$$L = \int_0^{\frac{\pi}{4}} \sec t\, dt$$

$$L = \ln|\sec t + \tan t| \Big]_0^{\frac{\pi}{4}}$$

$$L = \ln\left| \sec\frac{\pi}{4} + \tan\frac{\pi}{4} \right| - \ln|\sec 0 + \tan 0|$$

$$L = \ln(\sqrt{2} + 1) - 0$$

b. $\mathbf{s}(t) = \left\langle 12t, 8t^{3/2}, 3t^2 \right\rangle$, en $0 \leqslant t \leqslant 1$.

Vector Tangente $\quad \mathbf{s}'(t) = \langle 12,\ 12t^{1/2},\ 6t \rangle$

Magnitud Vector Tangente $\quad |\mathbf{s}'(t)| = \sqrt{144 + 144t + 36t^2}$

$$= \sqrt{36}\sqrt{4 + 4t + t^2} = 6\sqrt{(t+2)^2} = 6|t+2|$$

Como $6(t+2) \geqslant 0$ en $0 \leqslant t \leqslant 1$, entonces $6|t+2| = 6(t+2)$.

$$L = \int_0^1 |\mathbf{s}'(t)|\, dt$$

$$L = \int_0^1 6t + 12\, dt$$

$$L = 3t^2 + 12t \Big]_0^1$$

$$L = 3 + 12 - 0 = 15$$

Relación entre la longitud de arco y el vector tangente

Sea $\mathbf{r}(t) = f(t)\hat{\imath} + g(t)\hat{\jmath} + h(t)\hat{k}$, la **función de longitud de arco de la curva** es:

$$s(t) = \int_a^t |\mathbf{r}'(t_o)| dt_o$$

t_o es una variable artificial o dummy de integración.

Derive la función $s(t)$ utilizando el Teorema Fundamental del Cálculo.

$$s'(t) = \frac{ds}{dt} = \frac{d}{dt}\left(\int_a^t |\mathbf{r}'(t_o)| dt_o\right) = |\mathbf{r}'(t)|$$

La razón de cambio de la función de longitud de arco es la magnitud del vector tangencial.

Con la siguiente relación se puede parametrizar una curva respecto a la longitud de arco la cual tiene la ventaja de que no depende de un sistema coordenado en particular.

Ejercicio 2: Considere la curva descrita por la función vectorial $\mathbf{r}(t) = \langle\, t\sqrt{2}, e^t, e^{-t}\,\rangle,\ t \geqslant 0.$

a. Encuentre la función de longitud de arco de la curva.

Vector Tangente	$\mathbf{r}'(t) = \langle\, \sqrt{2}, e^t, -e^{-t}\rangle$
Magnitud Vector Tangente	$\lvert\mathbf{r}'(t)\rvert = \sqrt{2 + e^{2t} + e^{-2t}}$
	$\lvert\mathbf{r}'(t_o)\rvert = \sqrt{(e^{t_o} + e^{-t_o})^2} = e^{t_o} + e^{-t_o}$
Función Longitud Arco	$s(t) = \int_0^t e^{t_o} + e^{-t_o}\, dt_o$
	$s(t) = \left. e^{t_o} - e^{-t_o}\right]_0^t = e^t - e^{-t}$

b. Compruebe que $s'(t) = |\mathbf{r}(t)|$.

Derivando la función de longitud de arco se encuentra que $s'(t) = e^t + e^{-t} = |\mathbf{r}'(t)|$.

18. Integrales Dobles (15.1)

Considere la función de dos variables $z = f(x, y)$ definida en el rectángulo cerrado $\mathcal{R}$.

$$\mathcal{R} = [a, b] \times [c, d] = \{(x, y) \in \mathbb{R}^2, \mid a \leqslant x \leqslant b, \ c \leqslant y \leqslant d \}$$

La gráfica de f es una superficie con ec. $z = f(x, y)$.

Considere el sólido S que está arriba del rectángulo $\mathcal{R}$ y debajo de $z = f(x, y)$. Asuma que $f(x, y) \geqslant 0$ en $\mathcal{R}$.

$$S = \{(x, y, z) \in \mathbb{R}^3, \mid 0 \leqslant z \leqslant f(x, y), \ (x, y) \in \mathcal{R} \}$$

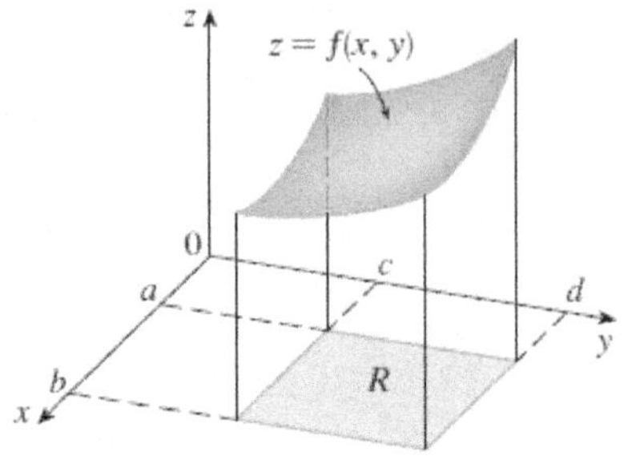

Divida el rectángulo $\mathcal{R}$ en mn subrectángulos $\mathcal{R}_{ij}$.

- El ancho de cada subrectángulo es: $\Delta x = \dfrac{b - a}{m}$.
- El largo de cada subrectángulo es: $\Delta y = \dfrac{d - c}{n}$.

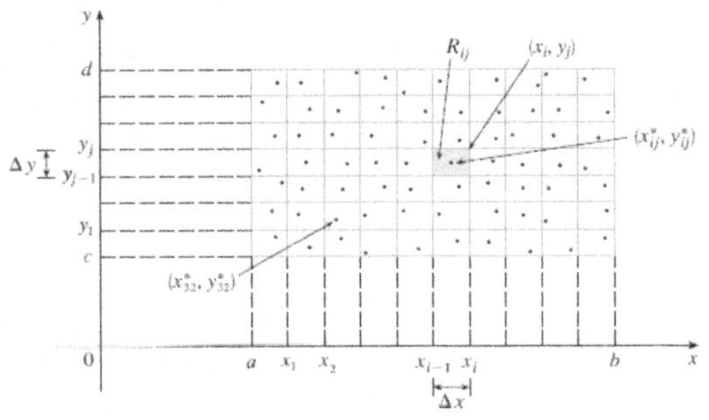

El área de cada subrectángulo es: $\Delta A = \Delta x \Delta y$.

Dentro de cada subrectángulo hay un punto muestra $(x_i, \ y_j)$.

Considere una caja con altura $f(x_i, \ y_j)$, ancho Δx y largo Δy.

El volumen de cada caja es: $V_{ij} = f(x_i, y_j)\Delta x \Delta y = f(x_i, y_j)\Delta A$.

Sume los volúmenes de las mn cajas para aproximar el volumen del sólido.

$$V \approx \sum_{j=1}^{n} \sum_{i=1}^{m} V_{ij} = \sum_{j=1}^{n} \sum_{i=1}^{m} f(x_i, y_j)\Delta A$$

La integral doble de f es el límite de la suma de Riemann cuando $m, n \to \infty$.

La **integral doble de f** sobre el rectángulo $\mathcal{R}$ es

$$\iint_R f(x, y)\, dA = \lim_{m,n \to \infty} \sum_{j=1}^{n} \sum_{i=1}^{m} f(x_i, y_j)\Delta A$$

A medida que los rectángulos son mas pequeños, $\Delta x, \Delta y \to 0$, se obtiene una mejor aproximación del volumen del Sólido.

En el límite $m, n \to \infty$ se obtiene el volumen exacto del sólido S.

Interpretación de la Integral Doble: Si $f(x, y) \geqslant 0$ sobre el rectángulo $\mathcal{R}$, entonces la integral doble de f sobre $\mathcal{R}$ es el volumen del sólido que está encima del rectángulo $\mathcal{R}$ y debajo de la superficie $z = f(x, y)$

$$V = \iint_R f(x, y)\, dA = \lim_{m,n\to\infty} \sum_{j=1}^{n} \sum_{i=1}^{m} f(x_i, y_j)\Delta A$$

Ejemplo: Estime el volumen del sólido que se encuentra debajo de la superficie $z = xy$ y encima del rectángulo $[0, 6] \times [0, 4]$.

a. Utilice una sumatoria con $m = 3$, $n = 2$ y cada punto muestra se encuentra en la esquina superior derecha de cada subrectángulo.

Encuentre el largo y ancho de cada subrectángulo.

$$\Delta x = \frac{b-a}{m} = \frac{6}{3} = 2, \qquad \Delta y = \frac{d-c}{n} = \frac{4}{2} = 2$$

El área de cada subrectángulo es $\Delta A = \Delta x \Delta y = 4$.

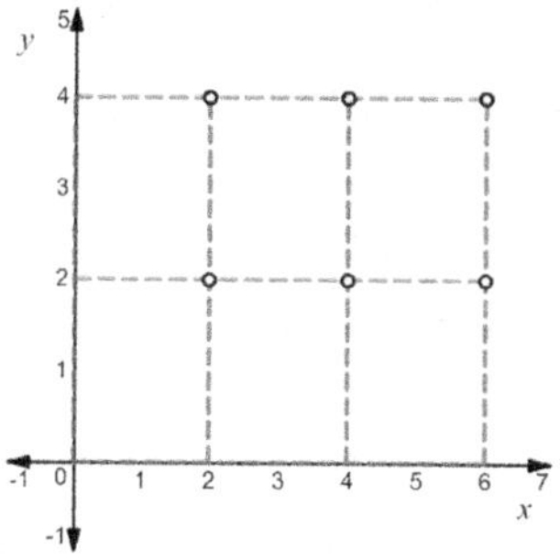

Encuentre la altura y volumen de cada caja $z = x_i, y_j$.

(x_i, y_j)	(2,2)	(4,2)	(6,2)	(2,4)	(4,4)	(6,4)	V
$f(x_i, y_j)$	4	8	12	8	16	24	
$V_{ij} = f(x_i, y_j)\,\Delta A$	16	32	48	32	64	96	288

El volumen es aproximadamente igual a $V \approx \sum_{j=1}^{n} \sum_{i=1}^{m} f(x_i, y_j)\Delta A = 72 \cdot 4 = 288.$

b. Utilice $m = 3$, $n = 2$ y cada punto muestra está en el centro cada rectángulo.

Puntos muestra: $(1, 1), (3, 1), (5, 1), (1, 3), (3, 3), (5, 3)$.

(x_i, y_j)	(1,1)	(3,1)	(5,1)	(1,3)	(3,3)	(5,3)	V
$f(x_i, y_j)$	1	3	5	4	9	15	
$V_{ij} = f\Delta A$	4	12	20	12	36	60	144

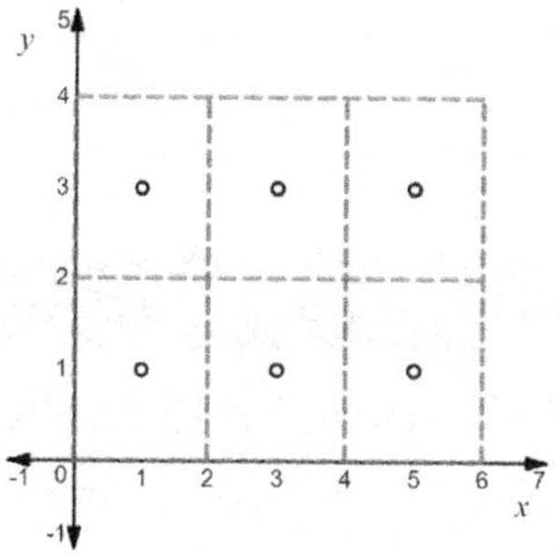

$$V \approx \sum_{j=1}^{n} \sum_{i=1}^{m} f(x_i, y_j)\Delta A = 36 \cdot 4 = 144$$

En la sección (15.2) se va encontrar que $V = \iint_R xy\, dA = 144$.

19. Integrales Dobles Iteradas (15.2)

Interpretación de la Integral Doble

Considere la función de dos variables $z = f(x, y)$ definida en el rectángulo cerrado $\mathcal{R}$.

$$\mathcal{R} = [a, b] \times [c, d] = \{(x, y) \in \mathbb{R}^2, \mid a \leqslant x \leqslant b, \ c \leqslant y \leqslant d\}$$

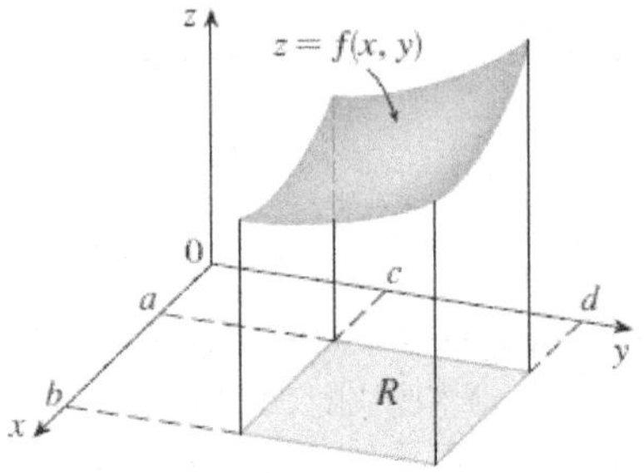

La gráfica de f es una superficie con ec. $z = f(x, y)$.

Considere el sólido S que está arriba del rectángulo $\mathcal{R}$ y debajo de $z = f(x, y)$. Asuma que $f(x, y) \geqslant 0$ en $\mathcal{R}$.

$$S = \{(x, y, z) \in \mathbb{R}^3, \mid 0 \leqslant z \leqslant f(x, y), \ (x, y) \in \mathcal{R}\}$$

Para encontrar el volumen del sólido S considere una caja con altura $f(\ x_i,\ y_j\ )$, ancho Δx y largo Δy.

El volumen de cada caja es: $V_{ij} = f(\ x_i, y_j\ )\Delta x \Delta y = f(\ x_i, y_j\ )\Delta A$.

Sume los volúmenes de las mn cajas para aproximar el volumen del sólido.

$$V \approx \sum_{j=1}^{n} \sum_{i=1}^{m} V_{ij} = \sum_{j=1}^{n} \sum_{i=1}^{m} f(x_i, y_j)\Delta A$$

La integral doble de f es el límite de la suma de Riemann cuando $m, n \to \infty$.

Integral Doble de f sobre el rectángulo $\mathcal{R}$

$$\iint_R f(x, y)\, dA = \lim_{m,n \to \infty} \sum_{j=1}^{n} \sum_{i=1}^{m} f(x_i, y_j)\Delta A$$

Por lo que el volumen del sólido S es la integral doble de $f(x, y)$ sobre el rectángulo R.

Interpretación de la Integral Doble

El volumen del sólido que está encima del rectángulo $\mathcal{R}$ y debajo de la superficie $z = f(x, y) \geqslant 0$ es la integral doble de f sobre $\mathcal{R}$.

$$V = \iint_R f(x, y)\, dA$$

Integración Parcial

Para integrar la función $z = f(x,y)$ en $c \leqslant y \leqslant d$.

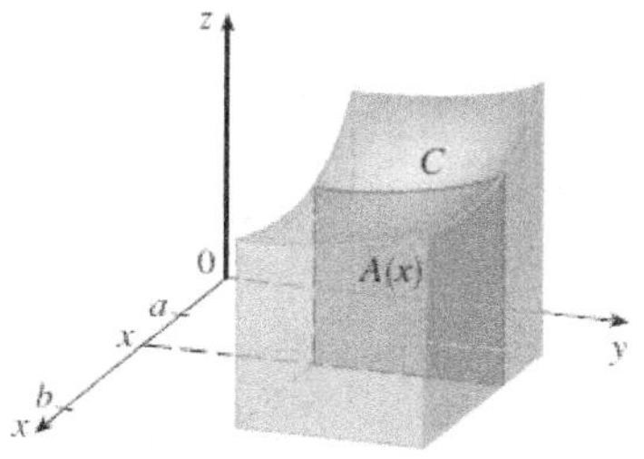

$$A(x) = \int_c^d f(x,\underline{y})\, d\underline{y}$$

se fija x y se integra $f(x,y)$ sólo respecto a y.

Ahora integre $A(x)$ en $a \leqslant x \leqslant b$.

$$\int_a^b A(x)\, dx \;=\; \int_a^b \left(\int_c^d f(x,y)\, dy \right) dx \;=\; \int_a^b \int_c^d f(x,y)\, dy\, dx$$

Esta integral se conoce como una integral iterada y nos permite evaluar integrales dobles.

> **Teorema de Fubini: Integrales dobles como Integrales Iteradas**
>
> Si la función f es continua en el rectángulo $R = [a,b] \times [c,d]$, entonces
>
> $$\iint_R f(x,y)\, dA \;=\; \int_a^b \int_c^d f(x,y)\, dy\, dx \;=\; \int_c^d \int_a^b f(x,y)\, dx\, dy$$

Ejercicio 1: Evalúe las siguientes integrales dobles.
Verifique que se obtiene el mismo resultado si se cambia el orden de integración.

a. $\displaystyle\int_0^1 \int_1^2 4x^3 - 9x^2y^2\, dydx.$

$$\begin{aligned}
\int_0^1 \left(\int_1^2 4x^3 - 9x^2y^2\, dy \right) dx &= \int_0^1 4x^3y - 3x^2y^3 \Big]_{y=1}^{y=2} dx \\
&= \int_0^1 4x^3(2-1) - 3x^2(8-1)\, dx \\
&= x^4 - 7x^3 \Big]_{x=0}^{x=1} = 1 - 7 - 0 = -6
\end{aligned}$$

Intercambie el orden de integración

$$\begin{aligned}
\int_1^2 \left(\int_0^1 4x^3 - 9x^2y^2\, dx \right) dy &= \int_0^1 x^4 - 3x^3y^2 \Big]_{x=0}^{x=1} dx \\
&= \int_0^1 1 - 3y^2\, dy \\
&= y - y^3 \Big]_{y=1}^{y=2} = (2-1) - (8-1) = 1 - 7 = -6
\end{aligned}$$

Observe que se obtiene el mismo resultado.

b. $I = \iint_R \sin(x-y)\, dA, \quad R = \left\{ (x,y) \mid 0 \leqslant x \leqslant \pi,\ 0 \leqslant y \leqslant \frac{\pi}{2} \right\}$

$$I = \int_0^{\frac{\pi}{2}} \int_0^{\pi} \sin(x-y)dxdy = -\int_0^{\frac{\pi}{2}} \cos(x-y)\Big]_{x=0}^{x=\pi}$$

$$I = \int_0^{\frac{\pi}{2}} \cos(-y) - \cos(\pi - y)dy = -\sin(-y) + \sin(\pi - y)]_{y=0}^{y=\pi/2}$$

$$I = -\sin(-\pi/2) + \sin(-\pi/2) + \sin(0) - \sin(\pi) = 1 + 1 = 2$$

Intercambie el orden de integración

$$I = \int_0^{\pi} \int_0^{\frac{\pi}{2}} \sin(x-y)dydx = \int_0^{\pi} \cos(x-y)\Big]_{y=0}^{y=\pi/2}$$

$$I = \int_0^{\frac{\pi}{2}} \cos(x - \pi/2) - \cos(x)dx = \sin(x - \pi/2) - \sin(x)]_{x=0}^{x=\pi}$$

$$I = \sin(\pi/2) - \sin(\pi) - \sin(-\pi/2) - \sin(0) = 1 + 1 = 2$$

> Recuerde que si $z = f(x,y) \geqslant 0$ en el rectángulo R, entonces
>
> $$V = \iint_R f(x,y)\, dA$$
>
> es el volumen del sólido S debajo de la superficie z y encima del réctangulo R.

Ejercicio 2: Encuentre el volumen del sólido que está debajo del paraboloide hiperbólico $z = 6y^2 - 3x^2 + 2$, *y entre los planos* $x = 1$, $y = 2$ *y los planos coordenados.*

Note que $z(0,0) = 2$, $z(1,0) = 1$, $z(1,2) = 13$, $z(0,2) = 14$ son valores positivos.

Como $z \geqslant 0$ en $R = [0,1] \times [0,2]$, entonces

$$V = \int_0^2 \left(\int_0^1 (6y^2 - 3x^2 + 2)dx \right) dy = \int_0^2 \left(6y^2x - x^3 + 2x]_{x=0}^{x=1} \right) dy$$

$$V = \int_0^2 (6y^2 - 1 + 2)\, dy = 2y^3 + y\big]_0^2 = 2(8) + 2 = 18$$

Caso Especial de la Integral Doble

Si la función de dos variables es un producto de dos funciones de una variable

$$f(x,y) = g(x)h(y)\ ,$$

la integral doble es el producto de dos integrales de funciones de una sola variable.

> Si $f(x,y) = g(x)h(y)$ en $R = [a,b] \times [c,d]$, entonces
>
> $$\iint_R f(x,y)\, dA = \int_a^b \left(\int_c^d g(x)h(y)dy \right) dx = \left(\int_a^b g(x)\, dx \right) \left(\int_c^d h(y)\, dy \right)$$

Ejercicio 3: Evalúe $I = \iint_R 4e^y \sin(2x) dA, \qquad R = \left[0,\ \frac{\pi}{2}\right] \times [0,\ \ln(4)]\ .$

Como $f(x,y) = 4e^y \sin(2x) = g(x)h(y)$, evalúe el producto de dos integrales de una variable.

$$\begin{aligned} I &= \left(\int_0^{\pi/2} 4\sin(2x)dx \right) \left(\int_0^{\ln 4} e^y dx \right) \\ &= \left(-2\cos(2x)|_0^{\pi/2} \right) \left(e^y|_0^{\ln(4)} \right) \\ &= (-2\cos(\pi) + 2)(e^{\ln 4} - 1) = (2+2)(4-1) = 4(3) = 12 \end{aligned}$$

Ejercicio 4: Evalúe $I = \int_0^2 \left(\int_0^3 6ye^{-xy} dy \right) dx\ .$

a. Intercambie el orden de intergración, primero x, luego y.

$$\begin{aligned} I &= \int_0^3 \left(\int_0^2 6e^{-xy} ydx \right) dy = -\int_0^3 \left. 6e^{-xy} \right]_{x=0}^{x=2} dy \\ &= \int_0^3 \left(6 - 6e^{-2y}\right) dy = 6y + 3e^{-2y}\Big]_{y=0}^{y=3} \\ &= 6(3) + 3e^{-6} - 3 = 15 + 3e^{-6} \end{aligned}$$

b. Si no se intercambia el orden, hay que realizar IPP y evaluar integrales impropias.

En este caso, la integral iterada es más complicada, requiere integración por partes y la evaluación de una integral impropia.

$$I = \int_0^2 \left(\int_0^3 6e^{-xy} ydy \right) dx$$

Integrando por partes

$$u = 6y \qquad dv = e^{-xy}dy$$

$$du = 6dy \qquad v = -\frac{1}{x}e^{-xy}$$

$$\int e^{-xy}ydy = -\frac{6}{x}ye^{-xy} + 6\int \frac{e^{-xy}}{x}dy = -\frac{6}{x}ye^{-xy} - \frac{6}{x^2}e^{-xy} + C$$

$$\int_0^3 6e^{-xy}y\,dy = \left. -\frac{6}{x}ye^{-xy} - \frac{6}{x^2}e^{-xy}\right]_{y=0}^{y=3}$$

$$\int_0^3 6e^{-xy}y\,dy = -\frac{18}{x}e^{-3x} - \frac{6}{x^2}e^{-3x} + 0 + \frac{6}{x^2}$$

La integral doble se simplifica a la siguiente integral en x.

$$I = \int_0^2 \left(-\frac{18}{x}e^{-3x} - \frac{6}{x^2}e^{-3x} + \frac{6}{x^2}\right) dx$$

Vuelva a utilizar integración por partes

$$u = -\frac{3}{x} \qquad dv = 6e^{-3x}\,dx$$

$$du = \frac{3}{x^2}\,dx \qquad v = -2e^{-3x}$$

$$\int -\frac{18}{x}e^{-3x}\,dx = \frac{6}{x}e^{-3x}\,dx + \int \frac{6}{x^2}e^{-3x}\,dx$$

La antiderivada de los primeros dos términos es:

$$\int -\frac{18}{x}e^{-3x}\,dx - \int \frac{6}{x^2}e^{-3x}\,dx = \frac{6}{x}e^{-3x} + C$$

$$\int \left(-\frac{18}{x}e^{-3x} - \frac{6}{x^2}e^{-3x} + \frac{6}{x^2}\right) dx = \frac{6}{x}e^{-3x} - \frac{6}{x} + C$$

La integral definida es impropia en $x = 0$.

$$I = \int_0^2 \left(-\frac{18}{x}e^{-3x} - \frac{1}{x^2}e^{-3x} + \frac{6}{x^2}\right) dx = \left.\frac{6e^{-3x}}{x} - \frac{6}{x}\right]_{x=0}^{x=2}$$

$$I = 3e^{-6} - 3 - \lim_{x\to 0} \frac{6e^{-3x} - 6}{x}$$

Utilice la Regla de L'Hospital para la forma indeterminada $0/0$.

$$\lim_{x\to 0} \frac{6e^{-3x} - 6}{x} \overbrace{=}^{LH} \lim_{x\to 0} \frac{-18e^{-3x}}{1} = -18$$

La integral doble converge y es igual a $I = 3e^{-6} - 3 + 18 = 15 + 3e^{-6}$.

Se obtiene la misma respuesta, pero observe que con este orden la integración es mucho más complicada que con el orden anterior.

20. Integrales Dobles en Regiones Generales (15.3)

La mayoría de integrales dobles se integran sobre regiones que no son rectangulares. Para evaluar integrales dobles en regiones generales es necesario bosquejar la región e identificar cuáles son las curvas que delimitan la región.

Región Tipo I: La región plana se encuentra entre las gráficas de dos funciones continuas en x.

$$D = \{ (x,y) \mid a \leqslant x \leqslant b,\ g_1(x) \leqslant y \leqslant g_2(x) \}$$

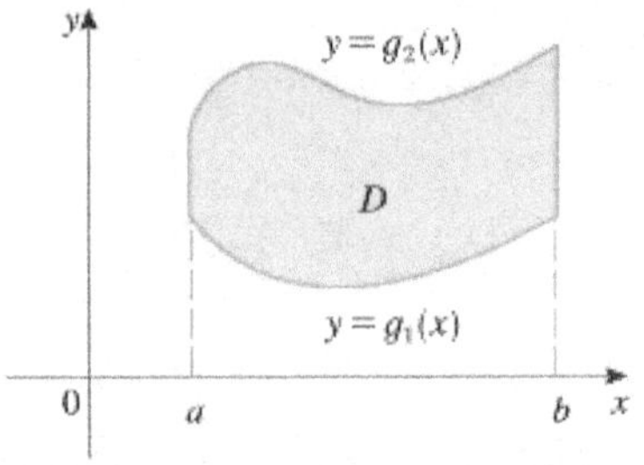

Integrales Dobles sobre una región Tipo I

Si f es continua en una región D tipo I, entonces.

$$\iint_D f(x,y)\,dA = \int_a^b \left(\int_{g_1(x)}^{g_2(x)} f(x,y)dy \right) dx$$

Región Tipo II: La región plana se encuentra entre las gráficas de dos funciones continuas en y.

$$D = \{ (x,y) \mid c \leqslant y \leqslant d,\ h_1(y) \leqslant x \leqslant h_2(y) \}$$

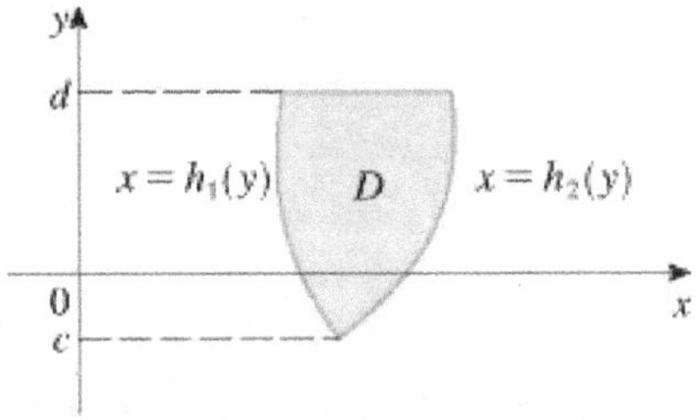

Integrales Dobles sobre una región Tipo II

Si f es continua en una región D tipo II, entonces.

$$\iint_D f(x,y)\,dA = \int_c^d \left(\int_{h_1(y)}^{h_2(y)} f(x,y)dx \right) dy$$

Observaciones:

- Si las funciones tienen inversas, una región se puede describir como una tipo I ó como una tipo II.
- Es importante realizar un esbozo de la región para:
  - identificar los puntos de intersección.
  - identificar el orden de integración

Es recomendable utilizar flechas para indicar gráficamente el orden de integración.

Región Tipo I: La flecha se dibuja verticalmente desde la función inferior $g_1(x)$ hasta la función superior $g_2(x)$.

El primer paso es integrar $\displaystyle\int_{g_1(x)}^{g_2(x)} f(x,y)\,dy$.

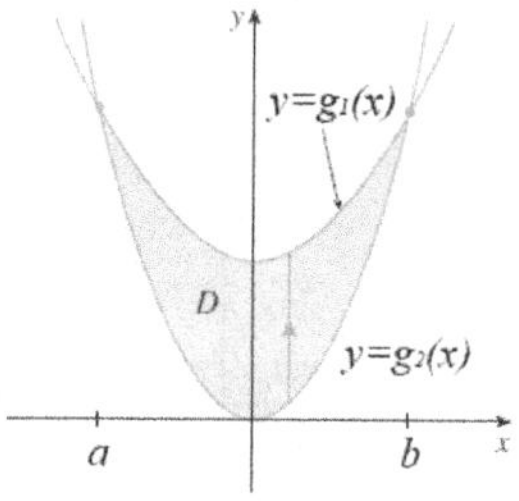

Región Tipo II: La flecha se dibuja horizontalmente desde la función izquierda $h_1(y)$ hasta la función derecha $h_2(y)$.

El primer paso es integrar $\displaystyle\int_{h_1(y)}^{h_2(y)} f(x,y)\,dx$.

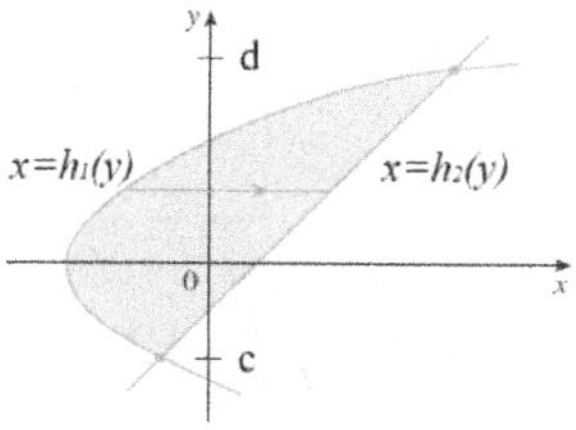

Ejercicio 1: Evalúe $V = \displaystyle\iint_D (12x^2 + 84y)\,dA,$ *donde D es la región en el 1er cuadrante acotada por* $y = x$ *&* $y = x^3$.

a. Utilice una región Tipo I.

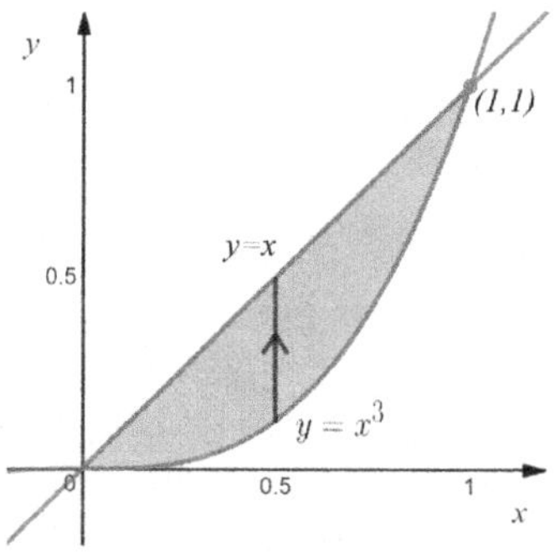

Utilizando el diagrama,

Función Superior: $g_2(x) = x$
Función inferior $g_1(x) = x^3$
Puntos de intersección en $g_1(x) = g_2(x)$.
$x^3 = x, \qquad x(x^2 - 1) = 0, \quad \Rightarrow \quad x = -1, 0, 1.$
Como $x \geqslant 0$, se integra en $0 \leqslant x \leqslant 1$.

Descripción de la región
$D = \{\ (x,y) \mid 0 \leqslant x \leqslant 1,\ x^3 \leqslant y \leqslant x\ \}$

$$V = \iint_D (12x^2 + 84y)\,dA = \int_0^1 \left(\int_{x^3}^{x} (12x^2 + 84y)dy \right) dx = \int_0^1 \left. 12x^2y + 42y^2 \right]_{x^3}^{x}$$

$$V = \int_0^1 12x^3 + 42x^2 - (12x^5 + 42x^6)\,dx = \left. 3x^4 + 14x^3 - 2x^6 - 6x^7 \right]_0^1$$

$$V = 3 + 14 - 2 - 6 = 17 - 8 = 9$$

b. Utilice una región Tipo II.

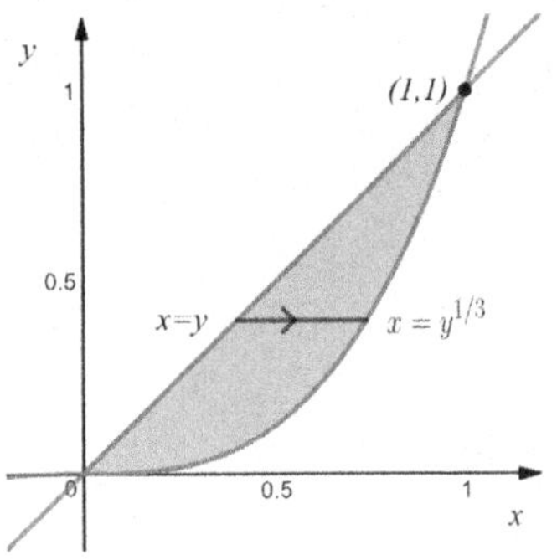

Utilizando el diagrama,

Función Izquierda en y: $y = x$, $h_1(y) = y$
Función Derecha en y: $y = x^3$, $h_2(y) = y^{1/3}$
Puntos de intersección en y son: $y = 0, 1$.
Como $x \geqslant 0$, se integra en $0 \leqslant y \leqslant 1$.

Descripción de la región
$D = \{ (x, y) \mid 0 \leqslant y \leqslant 1,\ y \leqslant x \leqslant y^{1/3} \}$

$$V = \iint_D (12x^2 + 84y)\, dA = \int_0^1 \left(\int_y^{y^{1/3}} (12x^2 + 84y) dx \right) dy = \int_0^1 4x^3 + 84yx \Big]_{x=y}^{x=y^{1/3}}$$

$$V = \int_0^1 4y + 84y^{4/3} - 4y^3 - 84y^2\, dy = \ 2y^2 + 36y^{7/3} - y^4 - 28y^3 \Big]_0^1$$

$$V = 2 + 36 - 1 - 28 = 38 - 29 = 9$$

Se obtiene el mismo resultado que integrando sobre una región tipo I.

Ejercicio 2: Encuentre el volumen del sólido debajo de la superficie $z = 24xy$ *y arriba de la región encerrada por las curvas* $x + y = 1$ *&* $x^2 + y = 1$.

a. Utilice una región tipo I.

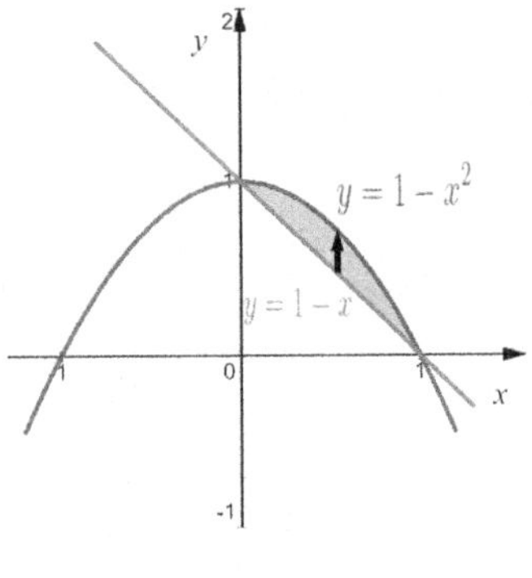

Utilizando el diagrama,

Función Inferior: $y = 1 - x$,
Función Superior: $y = 1 - x^2$,
Puntos de intersección : $x = 0,\ 1$.
$x^2 - x = x(x - 1) = 0$

Descripción de la región
$D = \{ (x, y) \mid 0 \leqslant x \leqslant 1,\ 1 - x \leqslant y \leqslant 1 - x^2 \}$

$$V = \int_0^1 \left(\int_{1-x}^{1-x^2} 24xydy \right) dx = \int_0^1 12xy^2 \Big]_{y=1-x}^{y=1-x^2}$$

$$V = \int_0^1 12x[(1 - x^2)^2 - (1 - x)^2]\, dx = \int_0^1 12x(x^4 - 3x^2 + 2x)\, dx$$

$$V = \int_0^1 12x^5 - 36x^3 + 24x^2)\, dx = \ 2x^6 - 9x^4 + 8x^3 \Big]_0^1$$

$$V = 2 - 9 + 8 = 1$$

b. Utilice una región tipo II.

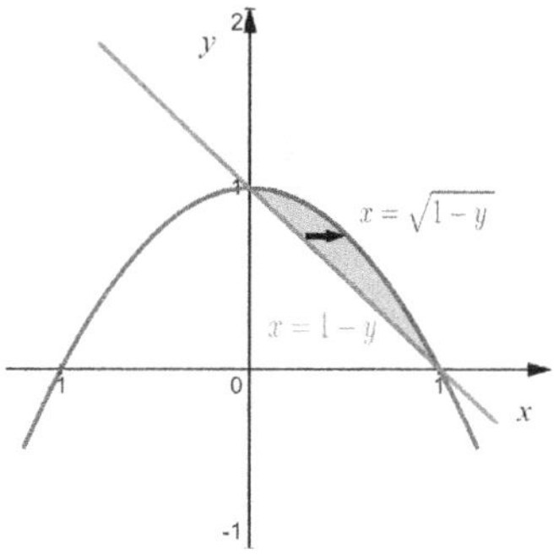

Utilizando el diagrama,

Función Izquierda: $x = 1 - y,$
Función Derecha: $x = \sqrt{(1-y)},$
Puntos de intersección : $x = 0,\ 1\,.$
$1 - 2y + y^2 = 1 - y, \qquad y^2 - y = y(y-1) = 0$

Descripción de la región
$D = \{\ (x, y) \mid 0 \leqslant y \leqslant 1,\ 1 - y \leqslant x \leqslant \sqrt{1-y}\ \}$

$$V = \int_0^1 \left(\int_{1-y}^{\sqrt{1-y}} 24xydx \right) dy = \int_0^1 12yx^2\Big]_{x=1-y}^{y=\sqrt{1-y}}$$

$$V = \int_0^1 12y[1 - y - (1 - 2y + y^2)]\, dx = \int_0^1 12y(y - y^2)\, dx$$

$$V = \int_0^1 12y^2 - 12y^3)\, dx = \ 4y^3 - 3y^4\Big]_0^1$$

$$V = 4 - 3 = 1$$

Área de una región D

El volumen del sólido debajo de $z = f(x, y)$ y encima de la región D es

$$V = \iint_D f(x, y)\, dA$$

Si $f(x, y) = 1,$ el sólido es un cilindro con altura 1 y área en la base $A(D)$.
Como $V = 1 \cdot A(D),$ el área de la región D es la integral doble de $f(x, y) = 1$.

El **área** de una región D es $A = \iint_D 1 \cdot dA\,.$

Ejercicio 3: Encuentre el área de la región encerrada por las curvas $x + y = 1$ *&* $x^2 + y = 1.$

La región de integración es la misma que en el ejercicio 2.

$$A = \int_0^1 \left(\int_{1-x}^{1-x^2} dy \right) dx = \int_0^1 (1 - x^2 - 1 + x)\, dx$$

$$A = \int_0^1 x - x^2\, dx = \frac{x^2}{2} - \frac{x^3}{3}\Big]_0^1 = \frac{1}{2} - \frac{1}{3} = \frac{1}{6}$$

Cambio en el Orden de Integración

En algunos problemas para evaluar la integral doble es necesario cambiar el orden de integración.

Ejercicio 4: Evalúe las siguientes integrales dobles.
Bosqueje la región para realizar el cambio en el orden de integración.

a. $\displaystyle\int_0^8 \int_{y^{1/3}}^2 8e^{x^4} dxdy$

Región Tipo II:	$0 \leqslant y \leqslant 8,$	$y^{1/3} \leqslant x \leqslant 2$
Región Tipo I:	$0 \leqslant x \leqslant 2,$	$0 \leqslant y \leqslant x^3$

Reescriba la integral como una tipo I.

$$\begin{aligned}\int_0^2 \int_0^{x^3} 8e^{x^4} dydx &= \int_0^2 8e^{x^4} y\Big|_0^{x^3} dx \\ &= 8\int_0^2 e^{x^4} x^3 dx \\ &= 2\, e^{x^4}\Big|_0^2 = 2(e^{16}-1)\end{aligned}$$

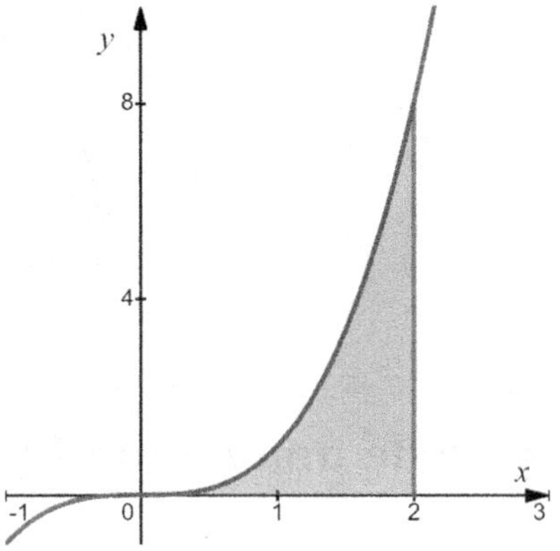

b. $\displaystyle\int_0^4 \int_{y^{1/2}}^2 \frac{10y}{x^5+1} dxdy$

Región Tipo II:	$0 \leqslant y \leqslant 4,$	$y^{1/2} \leqslant x \leqslant 2$
Región Tipo I:	$0 \leqslant x \leqslant 2,$	$0 \leqslant y \leqslant x^2$

Reescriba la integral como una tipo I.

$$\begin{aligned}\int_0^2 \int_0^{x^2} \frac{10y}{x^5+1} dydx &= \int_0^2 \frac{5y^2}{x^5+1}\Big|_0^{x^2} dx \\ &= \int_0^2 \frac{5x^4}{x^5+1} dx \\ &= \ln(x^5+1)\Big|_0^2 = \ln(33)\end{aligned}$$

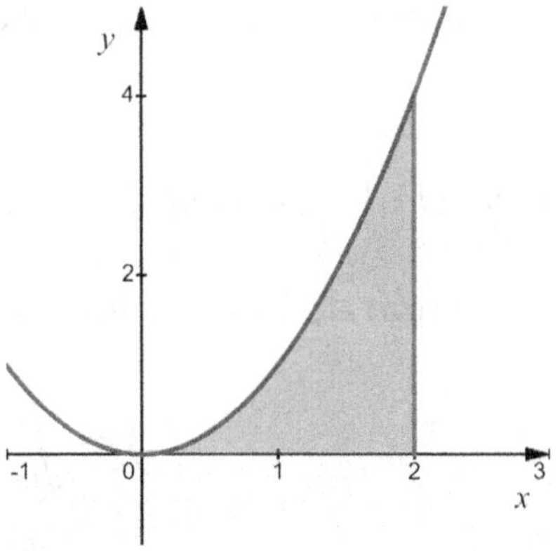

21. Integrales Dobles en Coordenadas Polares (15.4)

Algunas regiones, como los discos y los anillos, tienen expresiones complicadas en coordenadas cartesianas, pero expresiones más simples en coordenadas polares.

Recuerde que en el sistema coordenado polar,

r es la distancia del origen al punto P.
θ es el ángulo entre el eje x y la recta OP.

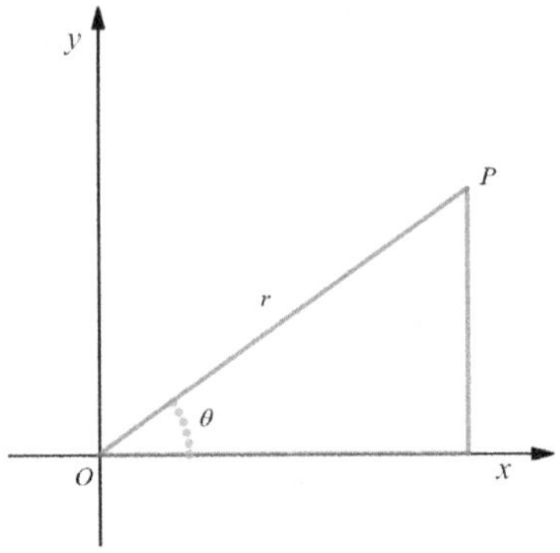

Cambio de coordenadas cartesianas a polares.

$$\begin{aligned} r^2 &= x^2 + y^2 \\ \theta &= \tan^{-1}\left(\frac{y}{x}\right) \end{aligned}$$

Cambio de coordenadas polares a cartesianas.

$$\begin{aligned} x &= r\cos\theta \\ y &= r\sin\theta \end{aligned}$$

Considere las siguientes regiones:

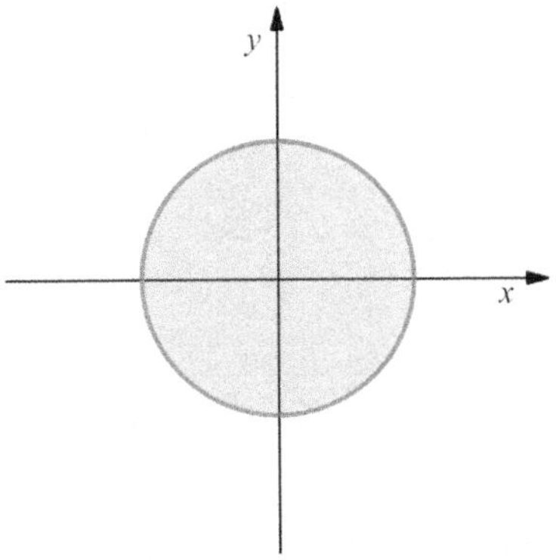

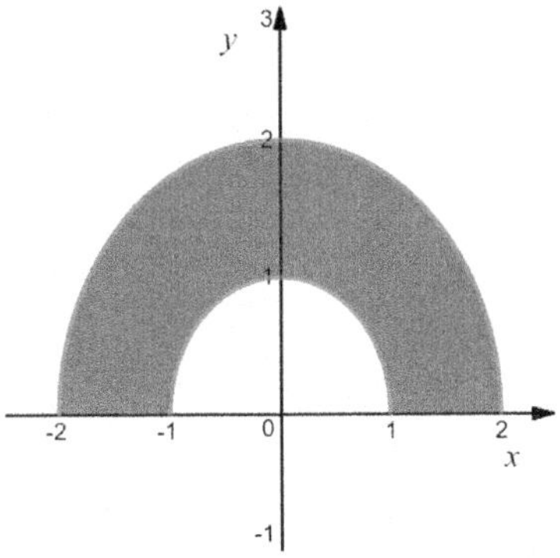

La descripción de cada una de estas regiones en coordenadas cartesianas es:

$$R_1 = \{\ (x,y) \mid 0 \leqslant x^2 + y^2 \leqslant R^2\ \}$$
$$R_2 = \{\ (x,y) \mid 1 \leqslant x^2 + y^2 \leqslant 4,\ y \geqslant 0\ \}$$

Si se utilizan coordenadas polares, la descripción de estas regiones es más simple.

$$R_1 = \{\ (r,\theta) \mid 0 \leqslant r \leqslant R,\ 0 \leqslant \theta \leqslant 2\pi\ \}$$
$$R_2 = \{\ (r,\theta) \mid 1 \leqslant r \leqslant 2,\ 0 \leqslant \theta \leqslant \pi\ \}$$

La integración en rectángulos polares es más simple que entre curvas cartesianas.

Un **rectángulo polar** se encuentra entre dos circunferencias y dos rayos, es decir

$$R = \{\ (r,\theta) \mid a \leqslant r \leqslant b,\ \alpha \leqslant \theta \leqslant \beta\ \}$$

Área de un rectángulo polar

El área de una región polar se calcula de la siguiente forma:

$$A = \frac{1}{2}\int_{\alpha}^{\beta} \left(r_2^2 - r_1^2\right)\, d\theta$$

El área de un rectángulo polar es:

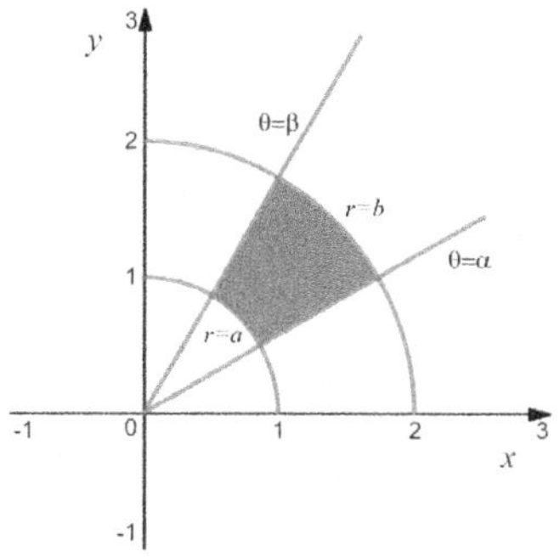

$$\begin{aligned}
A &= \frac{1}{2}\int_{\alpha}^{\beta} \left(b^2 - a^2\right)\, d\theta = \frac{1}{2}\left(b^2 - a^2\right)((\beta - \alpha) \\
A &= \underbrace{\frac{1}{2}(a+b)}_{r}\underbrace{(b-a)}_{\Delta r}\underbrace{(\beta-\alpha)}_{\Delta\theta} \\
A &= r\Delta r\Delta\theta
\end{aligned}$$

El área de un rectángulo polar es la diferencia entre el área de dos sectores circulares con ángulo central $\Delta\theta = \beta - \alpha$ y radio promedio $r = \frac{1}{2}\left(a + b\right)$.

Integrales Dobles en Coordenadas Polares

Encuentre una expresión para expresar el diferencial dA en términos de r y θ.

Considere un rectángulo polar infinitesimal de radio r, ángulo $d\theta$ y ancho dr.

El área infinitesimal de este rectángulo es el ancho dr por el largo $rd\theta$.

$$dA = rdrd\theta$$

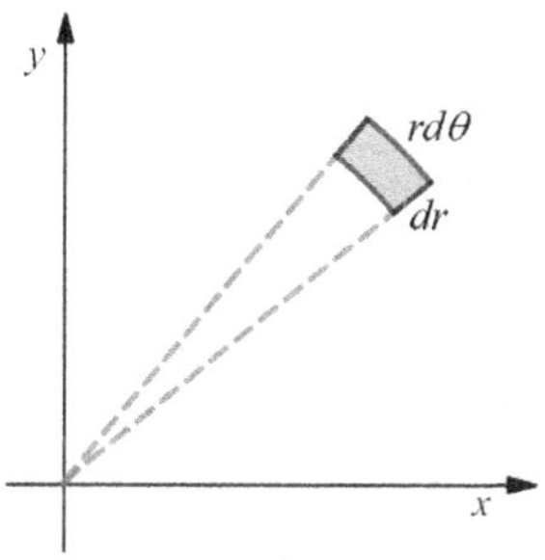

Integrales Dobles en Coordenadas Polares

Si R es un rectángulo polar (disco, anillo, sector circular), entonces

Reescriba x, y y dA usando coordenadas polares, $x = r\cos\theta,\ r\sin\theta,\ dA = rdrd\theta.$

$$\begin{aligned}
R &= \{(r,\theta) \mid \alpha \leqslant \theta \leqslant \beta,\ a \leqslant r \leqslant b\} \\
\iint_R f(x,y)dA &= \int_{\alpha}^{\beta}\left(\int_a^b f(r\cos\theta, r\sin\theta)\, rdr\right) d\theta
\end{aligned}$$

Ejercicio 1: Evalúe $I_1 = \iint_R 5xy^2\, dA,$ *R es el semidisco izquierdo de radio 3.*

$$D: \quad -3 \leqslant y \leqslant 3, \qquad -\sqrt{9-y^2} \leqslant x \leqslant 0$$

$$D: \quad \frac{\pi}{2} \leqslant \theta \leqslant \frac{3\pi}{2}, \qquad 0 \leqslant r \leqslant 3$$

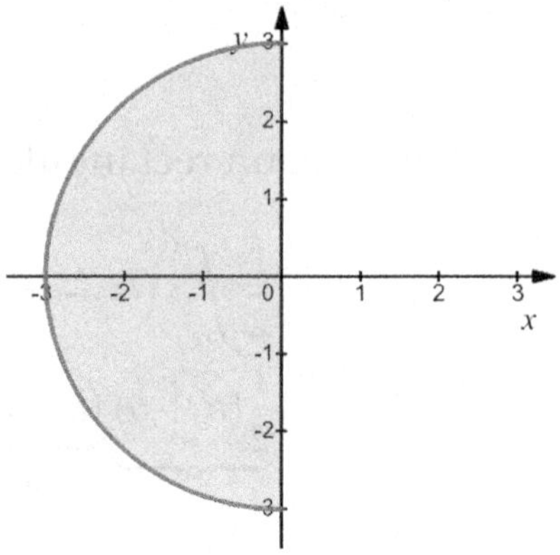

$$\begin{aligned}
I_1 &= \int_0^3 \int_{\pi/2}^{3\pi/2} r^3 \cos\theta \sin^2\theta d\theta r dr \\
I_1 &= \int_0^3 5r^4 dr \int_{\pi/2}^{3\pi/2} \sin^2\theta \cos\theta d\theta \\
I_1 &= \left(r^5 \Big]_0^3 \right) \left(\frac{1}{3} \sin^3\theta \Big]_{\pi/2}^{3\pi/2} \right) \\
I_1 &= \frac{3^5}{5}\Big(-1-1 \Big) = -2 \cdot 3^4 = -162
\end{aligned}$$

Extensiones a regiones polares generales

Si f es continua en una región polar de la forma

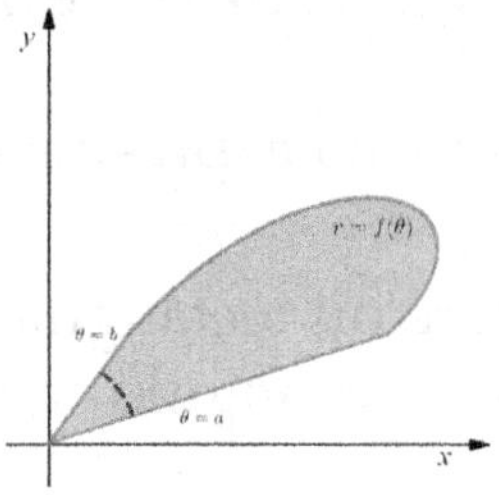

$$D = \{(r,\theta) \mid \alpha \leqslant \theta \leqslant \beta,\ r_1(\theta) \leqslant r \leqslant r_2(\theta)\}$$

$$\iint_D f(x,y)\, dA = \int_\alpha^\beta \int_{r_1(\theta)}^{r_2(\theta)} f(r\cos\theta, r\sin\theta)\, r dr d\theta$$

El área de la región polar D se encuentra al integrar $f(x,y) = 1$.

$$A(D) = \iint_D 1 \cdot dA = \int_\alpha^\beta \int_{r_1(\theta)}^{r_2(\theta)} r dr d\theta = \frac{1}{2}\int_\alpha^\beta \big(r_2^2(\theta) - r_1^2(\theta) \big)\, d\theta$$

La cual es la misma fórmula para obtener el área que en la sección 10.4.

Ejercicio 2: Encuentre el área de un pétalo de la rosa de cuatro pétalos $r = \cos 2\theta$.

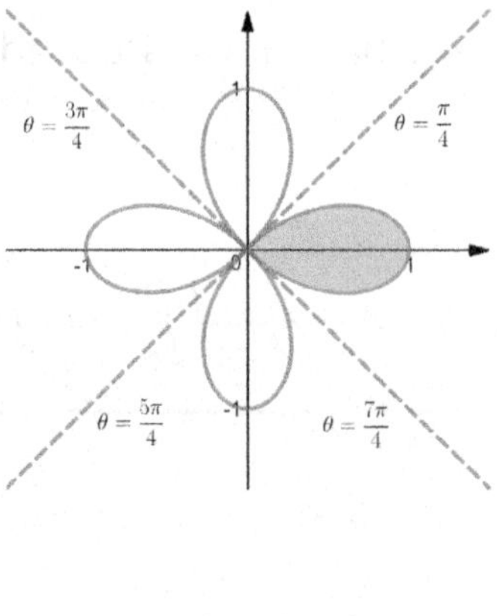

$$\begin{aligned}
D &= \left\{ (r,\theta) \mid -\frac{\pi}{4} \leqslant \theta \leqslant \frac{\pi}{4},\ 0 \leqslant r \leqslant \cos(2\theta) \right\} \\
A(D) &= \int_{-\pi/4}^{\pi/4} \int_0^{\cos 2\theta} r dr d\theta = \int_0^{\pi/4} \int_0^{\cos 2\theta} 2r dr d\theta \\
A(D) &= \int_0^{\pi/4} \cos^2 2\theta d\theta = \frac{1}{2} \int_0^{\pi/4} (1 + \cos 4\theta) d\theta \\
A(D) &= \frac{1}{2}\theta \Big]_0^{\pi/4} + \frac{1}{8} \sin 4\theta \Big]_0^{\pi/4} \\
A(D) &= \frac{\pi}{8} + \frac{1}{8}\sin\pi - \frac{1}{8}\sin 0 = \frac{\pi}{8} + 0
\end{aligned}$$

Ejercicio 3: Considere el sólido debajo del paraboloide $z = 8 - 2x^2 - 2y^2$ & encima del plano-xy.

a. Encuentre la región de integración D del paraboloide en el plano-xy. (Use $z = 0$.)

La región de integración del sólido es un círculo de radio 2.

$$8 - 2x^2 - 2y^2 \geqslant 0$$
$$x^2 + y^2 \leqslant 4$$
$$0 \leqslant \theta \leqslant 2\pi \qquad 0 \leqslant r \leqslant 2$$

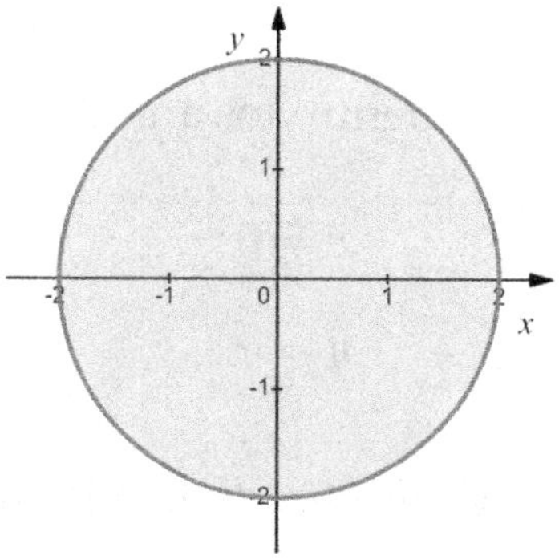

b. Encuentre el volumen. Se recomienda integrar en coordenadas polares.

$$V = \iint_D z dA = \iint_D 8 - 2x^2 - 2y^2 dA$$

Reescriba la función a integrar en coordenadas polares.

$$8 - 2x^2 - 2y^2 = 8 - 2r^2\cos^2\theta - 2r^2\sin^2\theta = 18 - 2r^2$$

Encuentre el volumen utilizando coordenadas polares.

$$V = \int_0^{2\pi} (18 - 2r^2) r dr\ d\theta$$
$$V = \left(\int_0^{2\pi} d\theta\right)\left(\int_0^{2} 18r - 2r^3 dr\right)$$
$$V = 2\pi\left(9r^2 - \frac{r^4}{2}\Big]_0^2\right)$$
$$V = 2\pi\left(9(4) - \frac{16}{2}\right) = 2\pi(36 - 8) = 56\pi$$

Ejercicio 4: Evalúe $\displaystyle\iint_R 4\sin\left(\frac{\pi x^2+\pi y^2}{2}\right)\,dA$, *R es la región en el primer cuadrante entre los círculos* $x^2+y^2=4$, $x^2+y^2=9$, *& las líneas* $x=0$, $y=x$.

a. Bosqueje la región y describa la región R como un rectángulo polar.

Encuentre los ángulos de la región polar.

$$x=0 \qquad r\cos\theta=0 \qquad \cos\theta=0 \qquad \Rightarrow \qquad \theta=\frac{\pi}{2}$$

$$y=x \qquad r\sin\theta=r\cos\theta \qquad \tan\theta=1 \qquad \Rightarrow \qquad \theta=\frac{\pi}{4}$$

Los límites de la región polar son $\quad R: \quad \dfrac{\pi}{4}\leqslant\theta\leqslant\dfrac{\pi}{2}, \qquad 2\leqslant r\leqslant 3\,.$

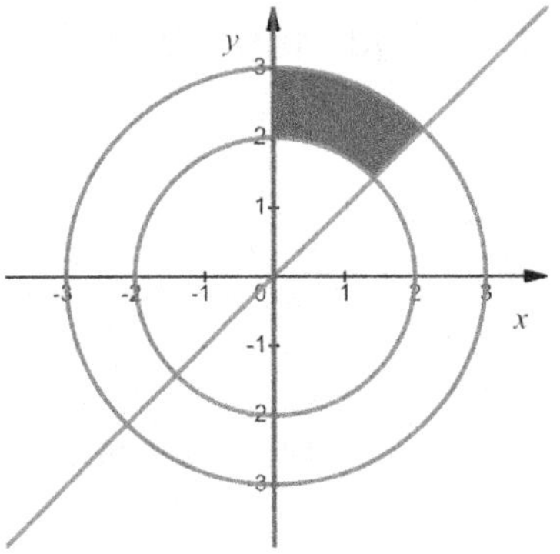

b. Evalúe la integral doble.

$$\begin{aligned}\iint_R 4\sin\frac{\pi}{2}\left(x^2+y^2\right)\,dA &= \int_{\pi/4}^{\pi/2}\int_2^3 4\sin\left(\frac{\pi r^2}{2}\right) r\,dr\,d\theta\\ &= \left(\int_{\pi/4}^{\pi/2} 4d\theta\right)\left(\int_2^3 \sin\left(\frac{\pi r^2}{2}\right) r\,dr\right)\\ &= \left(4\theta\Big]_{\pi/4}^{\pi/2}\right)\left(-\frac{2}{\pi}\cos\left(\frac{\pi r^2}{2}\right)\Big]_2^3\right)\\ &= \frac{8}{\pi}\left(\frac{\pi}{2}-\frac{\pi}{4}\right)\left(-\cos\left(\frac{9\pi}{2}\right)+\cos(2\pi)\right)\\ &= \frac{8}{\pi}\cdot\frac{\pi}{4}\Big(0+1\Big)=2(1)=2\end{aligned}$$

22. Área de Superficie (15.6)

Área de un plano tangente a una superficie

Si se tienen dos vectores a y b en un plano y el plano es un paralelogramo, el área se encuentra al encontrar la magnitud del producto cruz entre los dos vectores.

$$A_T = |\mathbf{a} \times \mathbf{b}|$$

Las rectas tangentes en la dirección del eje-x y del eje$-y$ son dos vectores en el plano tangente a la superficie $z = f(x, y)$. Si el cambio en x es Δx y el cambio en y es Δy, el vector dirección para cada recta tangente es:

$$\begin{aligned} \mathbf{a} &= \langle\, \Delta x, 0, f_x(x,y)\Delta x \,\rangle \\ \mathbf{b} &= \langle\, 0, \Delta y, f_y(x,y)\Delta y \,\rangle \end{aligned}$$

El producto cruz entre los dos vectores es:

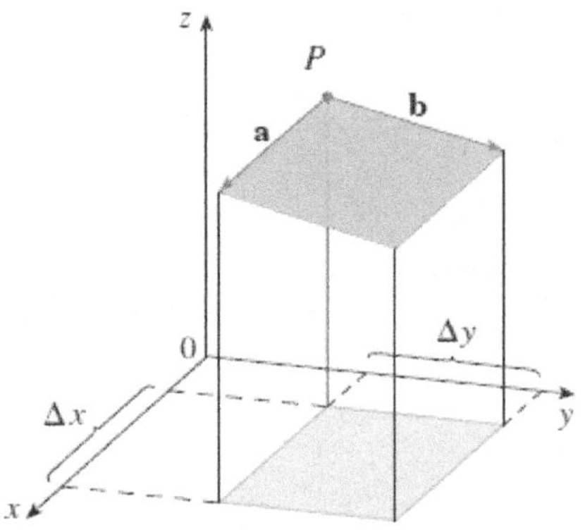

$$\begin{aligned} \mathbf{a} \times \mathbf{b} &= \begin{vmatrix} \mathbf{i} & \mathbf{j} & \mathbf{k} \\ \Delta x & 0 & f_x \Delta x \\ 0 & \Delta y & f_y \Delta y \end{vmatrix} \\ &= -\mathbf{i} f_x \Delta x \Delta y \;-\; \mathbf{j} f_y \Delta x \Delta y \;+\; \mathbf{k} \Delta x \Delta y \\ &= (-\mathbf{i} f_x \;-\; \mathbf{j} f_y \;+\; \mathbf{k}) \Delta x \Delta y \end{aligned}$$

El área del plano tangente es

$$A_P \;=\; |\mathbf{a} \times \mathbf{b}| \;=\; \sqrt{f_x^2(x,y) + f_y^2(x,y) + 1}\;\; \Delta x \Delta y$$

Área de un superficie

Por simplicidad suponga que la superficie con ecuación $z = f(x, y)$ está encima del eje-x, $f(x, y) \geqslant 0,$ y el dominio es una región rectangular D.

Considere un plano infinitesimal tangente a la superficie S el cual tiene un área dA_P.

El área de S es la integral doble del plano tangente sobre la región D.

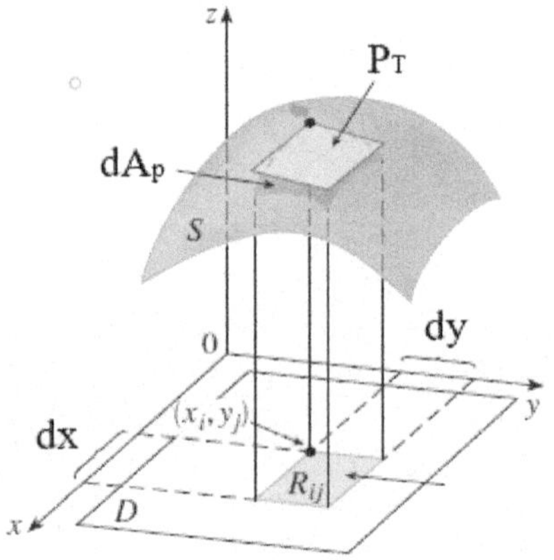

$$A(S) \;=\; \iint_D dA_P$$

En la sección anterior se encontró que

$$dA_P \;=\; \sqrt{f_x^2(x,y) + f_y^2(x,y) + 1}\;\; dxdy$$

La integral doble se expresa en términos de las derivadas parciales de $f(x, y)$.

$$A(S) = \iint_D \sqrt{f_x^2(x,y) + f_y^2(x,y) + 1}\; dxdy$$

El área de la superficie con ecuación $z = f(x, y)$ en la región D es:

$$A(S) = \iint_D \sqrt{[f_x(x,y)]^2 + [f_y(x,y)]^2 + 1}\; dA$$

Observaciones:

- La función debe tener derivadas parciales continuas para poder encontrar $A(S)$.
- Está fórmula es similar a la de longitud de una curva descrita por $y = f(x)$.

$$L = \int_a^b \sqrt{1 + [f'(x)]^2}\; dx$$

- Si la superficie se genera al girar $y = f(x)$ respecto a un eje-y, $A(S)$ se simplifica a

$$A(S) = 2\pi \int_a^b f(x)\sqrt{1 + [f'(x)]^2}\; dx$$

Ejercicio 1: Encuentre el área de las siguientes superficies.

a. La superficie $z = 1 + 3x + 2y^2$ encima del triángulo con vértices $(0, 0)$, $(0, 1)$, y $(2, 1)$.

Derivadas Parciales: $f_x = 3$ $\quad f_y = 4y$

Sustituya: $\sqrt{f_x^2 + f_y^2 + 1} = \sqrt{9 + 16y^2 + 1}$

Área Superficial: $A(S) = \iint_D \sqrt{10 + 16y^2}\, dA$

Es preferible integrar primero respecto a la variable x y luego respecto a y para evitar la integración con sustitución trigonométrica en y.

Observando el diagrama.

$$\begin{aligned}
0 \leqslant & \; x \leqslant 2y \\
0 \leqslant & \; y \leqslant 1 \\
A(S) &= \int_0^1 \int_0^2 \sqrt{10 + 16y^2}\; dxdy \\
A(S) &= \int_0^1 (10 + 16y^2)^{1/2}\, 2y\, dy \\
A(S) &= \frac{2}{3} \cdot \frac{1}{16}(10 + 16y^2)^{3/2}\Big]_0^1 \\
A(S) &= \frac{1}{24}\left(26^{3/2} - 10^{3/2}\right)
\end{aligned}$$

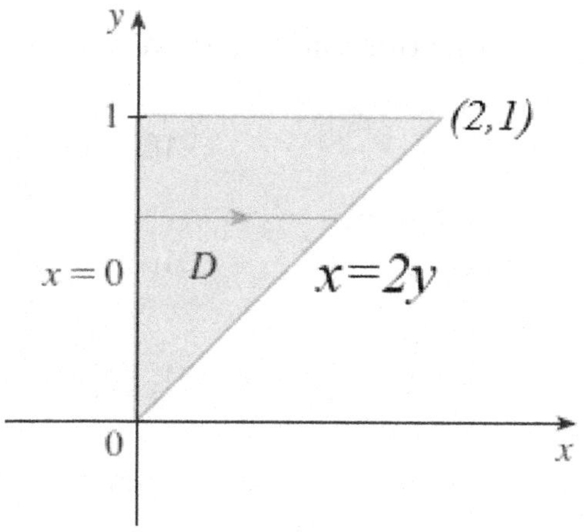

b. La parte del plano $z = \frac{2}{3}\left(x^{3/2} + y^{3/2}\right)$, $0 \leqslant x \leqslant 1$, $0 \leqslant y \leqslant 1$.

En varios problemas de área superficial es necesario utilizar coordenadas polares para poder evaluar la integral doble.

Ejercicio 2: Encuentre el área de las siguientes superficies.

a. La parte del paraboloide circular $z = x^2 + y^2$ entre los discos $x^2 + y^2 = 2$ y $x^2 + y^2 = 6$.

La región de integración es un anillo con radio interno $\sqrt{2}$ y radio externo $\sqrt{6}$.

$$D = \{ (r, \theta) \mid \sqrt{2} \leqslant r \leqslant \sqrt{6},\ 0 \leqslant \theta \leqslant 2\pi \}$$

Las derivadas parciales son $z_x = 2x$ y $z_y = 2y$.

$$A(S) = \iint_D \sqrt{1 + 4x^2 + 4y^2}\, dA$$

$$A(S) = \int_0^{2\pi} \int_{\sqrt{2}}^{\sqrt{6}} \sqrt{1 + 4r^2}\; r dr\, d\theta$$

$$A(S) = \left(\int_0^{2\pi} d\theta \right) \left(\frac{2}{3} \cdot \frac{1}{8} (1 + 4r^2)^{3/2} \Big]_{\sqrt{2}}^{\sqrt{6}} \right)$$

$$A(S) = \frac{2\pi}{12} \left(25^{3/2} - 9^{3/2} \right) = \frac{\pi}{6} \left(125 - 27 \right) = \frac{49}{3}\pi$$

b. La parte del plano $z = 10 - 2x - 5y$ que está dentro del cilindro $x^2 + y^2 = 9$.

c. La parte de la esfera $x^2 + y^2 + z^2 = 6$ que está por encima del plano $z = 2$.

23. Integrales Triples (15.7)

Considere la caja rectangular $B = [a,b] \times [c,d] \times [r,s]$.

$$B = \{ (x,y,z) \mid a \leqslant x \leqslant b,\ c \leqslant y \leqslant d,\ r \leqslant z \leqslant s \}$$

El volumen de esta caja es $\Delta V = \Delta x \Delta y \Delta z$.

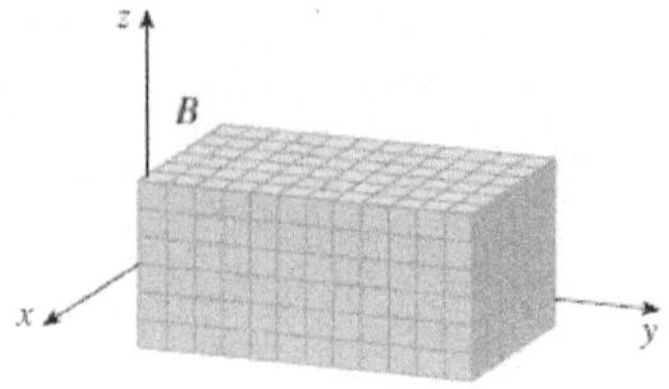

La caja infinitesimal con largo dx, ancho dy, y altura dz tiene volumen $dV = dxdydz$.

El diferencial dV nos permite evaluar una integral triple como tres integrales iteradas.

Teorema de Fubini para Integrales Triples:

Si f es continua en una caja rectangular $B = [a,b] \times [c,d] \times [r,s]$, entonces

$$\iiint_B f(x,y,z)\, dV = \int_r^s \int_c^d \int_a^b f(x,y,z)\, dx\, dy\, dz$$

En este caso se integra primero respecto a x, luego respecto a y, y por último respecto a z. En las integrales triples, hay seis diferentes ordenes de integración.

$dV = dxdydz$	$dV = dydxdz$	$dV = dzdxdy$
$dV = dxdzdy$	$dV = dydzdx$	$dV = dzdydx$

En cualquiera de los casos se debe obtener la misma respuesta.

Ejercicio 1: Evalúe las siguientes integrales.

a. $I_a = \iiint_B (xy + 3z^2)\, dV$ donde $B = [0,2] \times [0,1] \times [0,3]$

$$I_a = \int_0^2 \int_0^1 \left(\int_0^3 xy + 3z^2 dz \right) dydx = \int_0^2 \int_0^1 xyz + z^3 \Big]_{z=0}^{z=3} dydx$$

$$I_a = \int_0^2 \left(\int_0^1 3xy + 27dy \right) dx = \int_0^2 \frac{3}{2}xy^2 + 27y \Big]_{y=0}^{y=1}$$

$$I_a = \int_0^2 \left(\frac{3}{4}x + 27 \right) dx = \frac{3}{4}x^2 + 27x \Big]_{x=0}^{x=2} = 3 + 54 = 57$$

b. $I_b = \iiint_B e^{x+y+z}\, dV$ donde $B = [0, \ln 2] \times [0, \ln 3] \times [0, \ln 4]$

$$I_b = \int_0^{\ln 4} \int_0^{\ln 3} \left(\int_0^{\ln 2} e^{x+y+z} dx \right) dydz$$

$$I_b = \int_0^{\ln 4} \int_0^{\ln 3} e^{x+y+z} \Big]_{x=0}^{x=\ln 2} dydx = \int_0^{\ln 4} \int_0^{\ln 3} \left(2e^{y+z} - e^{y+z}\right) dydz$$

$$I_b = \int_0^{\ln 4} \left(\int_0^{\ln 3} e^{y+z} dy \right) dz$$

$$I_b = \int_0^{\ln 4} e^{y+z} \Big]_{y=0}^{y=\ln 3} dz = \int_0^{\ln 4} \left(3e^z - e^z\right) dz$$

$$I_b = \int_0^{\ln 4} 2e^z dz = 2e^z \Big]_{z=0}^{z=\ln 4} = 2(4-1) = 6$$

Integrales Triples sobre un Sólido General

Un sólido puede estar entre las gráficas de dos funciones en x, y, en y, z, ó en x, z.

Hay tres tipos de sólidos, cuyas descripciones establecen el orden de integración.

Un **Sólido Tipo 1** se encuentra entre las superficies de dos funciones continuas en x, y .

$$E = \{(x, y, z) \mid (x, y) \in D,\ u_1(x, y) \leqslant z \leqslant u_2(x, y)\}$$

donde D es la proyección de E en el plano-xy.

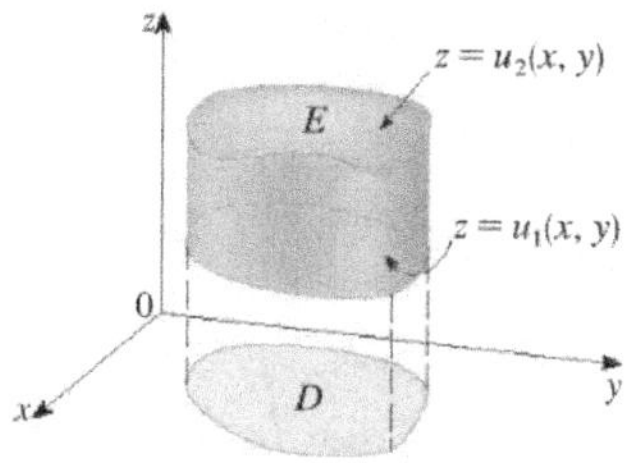

Si f es continua en un sólido tipo I
$E = \{(x, y, z) \mid (x, y) \in D,\ u_1(x, y) \leqslant z \leqslant u_2(x, y)\}$, entonces

$$\iiint_E f(x, y, z) dV = \iint_D \left(\int_{u_1(x,y)}^{u_2(x,y)} f(x, y, z) dz \right) dA$$

Observe que la integral triple se reduce a una integral doble.

También, se necesitan determinar las ecuaciones que describen a la región plana D.

Región Plana Tipo I: $D = \{(x, y) \mid a \leqslant x \leqslant b,\ g_1(x) \leqslant y \leqslant g_2(x)\}$
Región Plana Tipo II: $D = \{(x, y) \mid c \leqslant y \leqslant d,\ h_1(y) \leqslant x \leqslant h_2(y)\}$

De este forma la integral triple se reduce a tres integrales iteradas.

Integral Triple Sólido Tipo I

Si f es continua en un sólido tipo I con región plana D tipo I,
$E = \{(x, y, z) \mid a \leqslant x \leqslant b,\ g_1(x) \leqslant y \leqslant g_2(x),\ u_1(x, y) \leqslant z \leqslant u_2(x, y)\}$, entonces

$$\iiint_E f(x, y, z)dV = \int_a^b \int_{g_1(x)}^{g_2(x)} \left(\int_{u_1(x,y)}^{u_2(x,y)} f(x, y, z)dz \right) dydx$$

Ejercicio 2: Evalúe $I_2 = \iiint_E 6x\, dV$,
donde E se encuentra debajo del plano $z = 2 - 2x - y$ *y entre los planos* $x = 0,\ y = 0,\ z = 0.$

El sólido se encuentra entre los dos planos $0 \leqslant z \leqslant 2 - 2x - y.$

La proyección del sólido en el plano xy es la región triangular $y \leqslant 2 - 2x,\ x, y \geqslant 0.$

Los límites del sólido E son: $0 \leqslant x \leqslant 1, \qquad 0 \leqslant y \leqslant 2 - 2x, \qquad 0 \leqslant z \leqslant 2 - 2x - y$

$$I_2 = \int_0^1 \int_0^{2-2x} \left(\int_0^{2-2x-y} 6xdz \right) dydx$$

$$I_2 = \int_0^1 \int_0^{2-2x} \left(6xz \Big]_0^{2-2x-y} \right) dydx = \int_0^1 \left(\int_0^{2-2x} (12x - 12x^2 - 6xy)\ dy \right) dx$$

$$I_2 = \int_0^1 \left(12xy - 12x^2y - 3xy^2 \Big]_0^{2-2x} \right) dx$$

$$I_2 = \int_0^1 (24x - 24x^2 - 24x^2 + 24x^3 - 12x + 24x^2 - 12x^3)dx$$

$$I_2 = \int_0^1 (12x - 24x^2 + 12x^3)\ dx$$

$$I_2 = 6x^2 - 8x^3 + 3x^4 \Big]_0^1 = 6 - 8 + 3 = 1$$

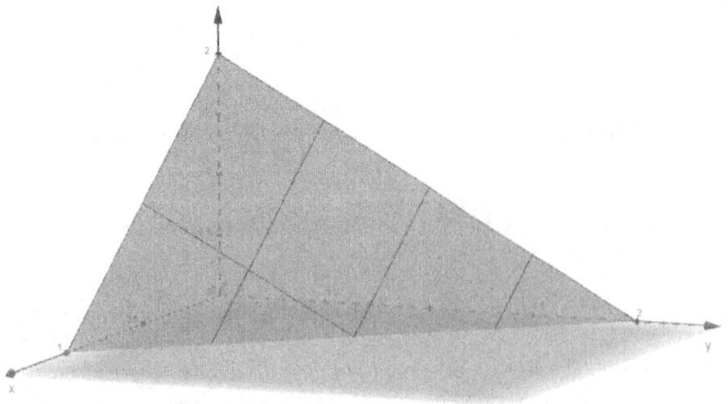

Gráfica del sólido entre
$z = 2 - 2x - y,\ z = 0,\ y = 0,\ x = 0$

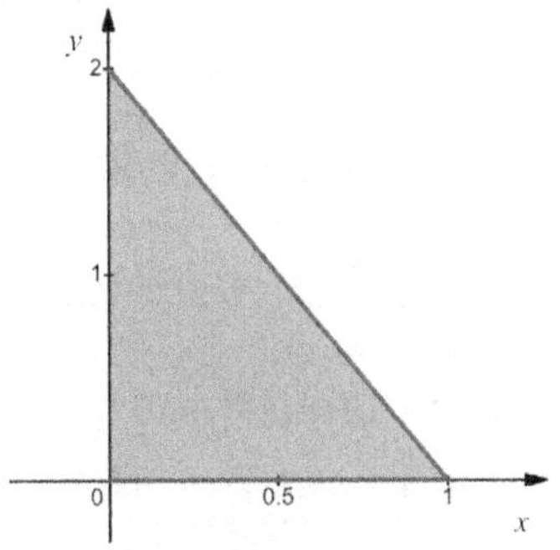

Proyección del Plano $z = 2 - 2x - y$
sobre $z = 0$

Un **Sólido Tipo II** se encuentra entre las superficies de dos funciones continuas en y, z .

$$E = \{(x, y, z) \mid (y, z) \in D,\ u_1(y, z) \leqslant x \leqslant u_2(y, z)\}$$

donde D es la proyección de E en el plano-yz.

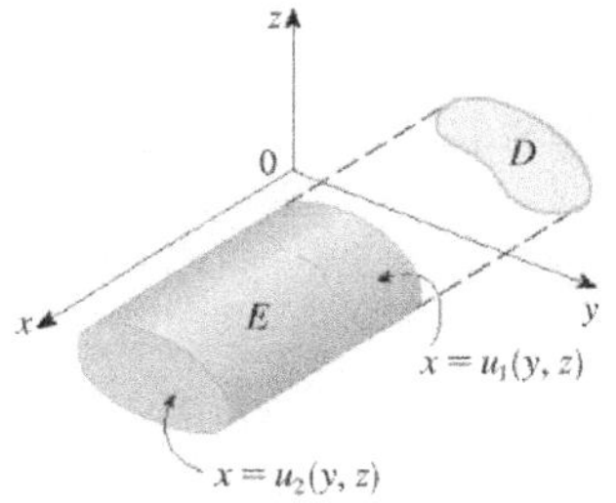

Integral Triple Sólido Tipo II

Si f es continua en un sólido tipo II
$E = \{(x, y, z) \mid (y, z) \in D,\ u_1(y, z) \leqslant x \leqslant u_2(y, z)\}$, entonces

$$\iiint_E f(x, y, z)dV = \iint_D \left(\int_{u_1(y,z)}^{u_2(y,z)} f(x, y, z)dx \right) dA$$

Para terminar de evaluar esta integral es necesario encontrar las ecuaciones que describen a la región plana D que se se proyecta en el plano-yz.

Realice un bosquejo y describa la región como tipo I (z está entre dos funciones de y) o como tipo II (y está entre dos funciones de z.)

Un **Sólido Tipo III** se encuentra entre las superficies de dos funciones continuas en x, z .

$$E = \{(x, y, z) \mid (x, z) \in D,\ u_1(x, z) \leqslant y \leqslant u_2(x, z)\}$$

donde D es la proyección de E en el plano-xz.

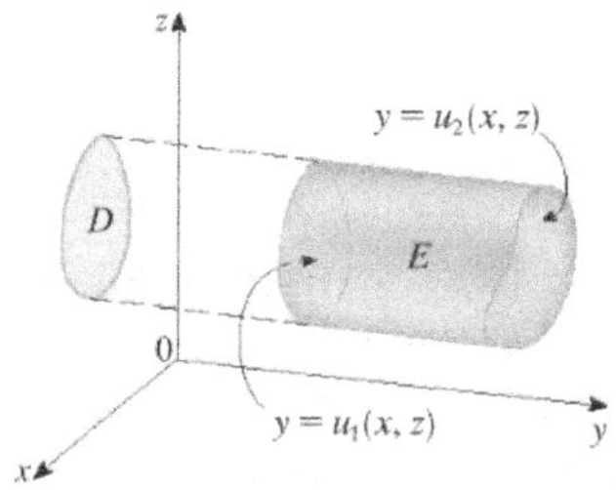

Integral Triple Sólido Tipo III

Si f es continua en un sólido tipo III
$E = \{(x, y, z) \mid (x, z) \in D,\ u_1(x, z) \leqslant y \leqslant u_2(x, z)\}$, entonces

$$\iiint_E f(x, y, z)dV = \iint_D \left(\int_{u_1(x,z)}^{u_2(x,z)} f(x, y, z)dy \right) dA$$

Para terminar de evaluar esta integral es necesario encontrar las ecuaciones que describen a la región plana D que se se proyecta en el plano-xz.

Ejercicio 3: Evalué $I_3 = \iiint_E x\,dV$,
E está entre el paraboloide $x = 4y^2 + 4z^2$ *y el plano* $x = 4$.

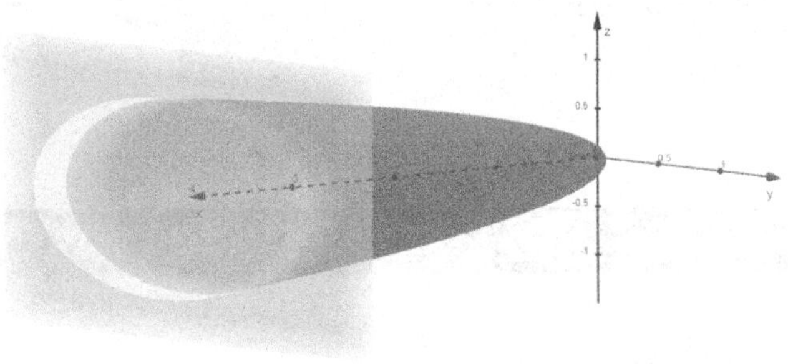

Gráfica del sólido encima entre el paraboloide $x = 4y^2 + 4z^2$ & $x = 4$

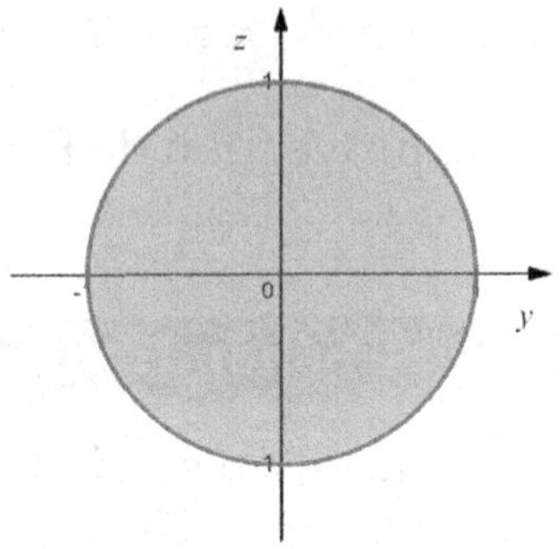

Proyección del Paraboloide $x = 4y^2 + 4z^2$ sobre $x = 4$

La proyección del sólido en el plano xy es el círculo $4y^2 + 4z^2 \leqslant 4$.

Los límites del sólido E son: $y^2 + z^2 \leqslant 1, \qquad 4(y^2 + z^2) \leqslant x \leqslant 4$.

$$I_3 = \iint_D \left(\int_{4(y^2+z^2)}^{4} x\,dz \right) dA$$

$$I_3 = \iint_D \left(\frac{x^2}{2} \Big]_{x=4(y^2+z^2)}^{x=4} \right) dA$$

$$I_3 = \iint_D 8 - 8(y^2 + z^2)\,dA$$

Utilice coordenadas polares para evaluar la integral doble $y = r\sin\theta,\ z = r\cos\theta$.

$$D: \qquad 0 \leqslant \theta \leqslant 2\pi, \qquad 0 \leqslant r \leqslant 1$$

$$I_3 = \int_0^{2\pi} \left(\int_0^1 (8 - 8r^2) r\,dr \right) d\theta$$

$$I_3 = \int_0^{2\pi} \left(\int_0^1 (8r - 8r^3)\,dr \right) d\theta$$

$$I_3 = \int_0^{2\pi} 4r^2 - 2r^4 \Big]_0^1 \, d\theta$$

$$I_3 = \int_0^{2\pi} 2d\theta = 2\theta \Big]_0^{2\pi} = 4\pi$$

Volumen de un sólido E:

Utilice los límites del sólido E e integre respecto al volumen dV.

$$V(E) = \iiint_E dV$$

Aplicaciones de las Integrales Triples

Si un objeto de volumen V tiene densidad volumétrica constante, denotada como ρ, constante, entonces la masa del objeto es $m = \rho V$.

Masa de un sólido E:

Si la densidad del objeto $\rho = f(x, y, z)$ no es constante, entonces la masa del sólido E se obtiene al integrar la densidad sobre el volumen dV.

$$m = \iiint_E \rho(x, y, z)\, dV$$

Ejercicio 4: Sea $E = \{(x, y, z) \mid 0 \leqslant x \leqslant 2,\ 0 \leqslant y \leqslant x^3,\ 0 \leqslant z \leqslant y\}$.

a. Encuentre el volumen del sólido E.

$$V = \iiint_E dV = \int_0^2 \int_0^{x^3} \left(\int_0^y dz \right) dydx$$

$$V = \int_0^2 \int_0^{x^3} z\Big]_{z=0}^{z=y} dydx = \int_0^2 \int_0^{x^3} y\, dydx$$

$$V = \int_0^2 \frac{1}{2}y^2\Big]_{y=0}^{y=x^3} dx = \int_0^2 \frac{1}{2}x^6\, dx$$

$$V = \frac{1}{14}x^7\Big]_0^2 = \frac{2^7}{2(7)} = \frac{64}{7}$$

b. Encuentre la masa del sólido si la densidad volumétrica del sólido es $\rho = \frac{7}{16}xy^2$.

$$m = \iiint_E \rho dV = \int_0^2 \int_0^{x^3} \left(\int_0^y \frac{7}{16}xy^2 dz \right) dydx$$

$$m = \int_0^2 \int_0^{x^3} \frac{7}{16}xy^2 z\Big]_{z=0}^{z=y} dydx = \int_0^2 \int_0^{x^3} \frac{7}{16}xy^3\, dydx$$

$$m = \int_0^2 \frac{7}{64}xy^4\Big]_{y=0}^{y=x^3} dx = \int_0^2 \frac{7}{64}x^{13}\, dx$$

$$m = \frac{1}{128}x^{14}\Big]_0^2 = \frac{2^{14}}{2^7} = 2^7 = 128$$

24. Integrales Triples, coordenadas cilíndricas (15.8)

Sistema de coordenadas cilíndricas

Un punto P en el espacio se puede representar con las coordenadas (r, θ, z).

r, θ son las coordenadas polares de P proyectadas en el plano$-xy$.

z es la distancia del plano$-xy$ al punto P.

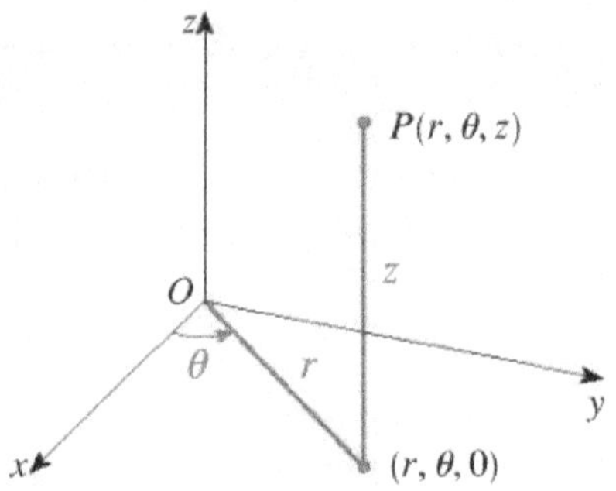

Utilice coordenadas polares para intercambiar entre el sistema de coordenadas cilíndrico y el cartesiano. Note que en ambos sistemas z es la misma coordenada.

Cambio de coordenadas cilíndricas (r, θ, z) a cartesianas (x, y, z) :

$$x = r\cos\theta, \qquad y = r\sin\theta, \qquad z = z.$$

Cambio de coordenadas cartesianas (x, y, z) a cilíndricas (r, θ, z) :

$$r^2 = x^2 + y^2, \qquad \tan\theta = \frac{y}{x}, \qquad z = z.$$

Ejercicio 1: Encuentre las coordenadas cilíndricas del punto con coordenadas rectangulares.

a. $P(2\sqrt{3}, 2, 8)$ El punto se encuentra en el 1er cuadrante $0 \leqslant \theta \leqslant \frac{\pi}{2}$.

Radio Polar: $r = \sqrt{x^2 + y^2} = \sqrt{4 \cdot 3 + 4} = 4$

Ángulo Polar: $\theta = \tan^{-1}\left(\frac{y}{x}\right) = \tan^{-1}\left(\frac{1}{\sqrt{3}}\right) = \frac{\pi}{6}$

La coordenada z no cambia $z = 8$.
Las coordenadas cilíndricas del punto P son $\left(4, \frac{\pi}{6}, 8\right)$.

b. $Q(-1, 1, -3)$ El punto se encuentra en el 2do cuadrante $\frac{\pi}{2} \leqslant \theta \leqslant \pi$.

Radio Polar: $r = \sqrt{x^2 + y^2} = \sqrt{1 + 1} = \sqrt{2}$

Ángulo Polar: $\theta = \tan^{-1}(-1) = \frac{3\pi}{4}$

Las coordenadas cilíndricas del punto P son $\left(\sqrt{2}, \frac{3\pi}{4}, -3\right)$.

Superficies Cilíndricas Básicas

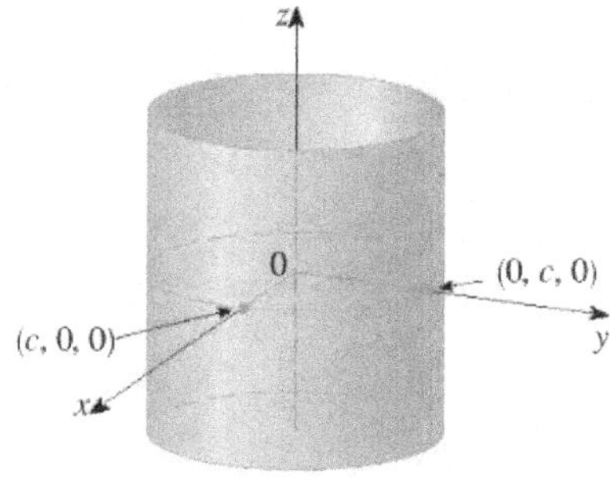

Cilindro $r = c$
$x^2 + y^2 = c^2$

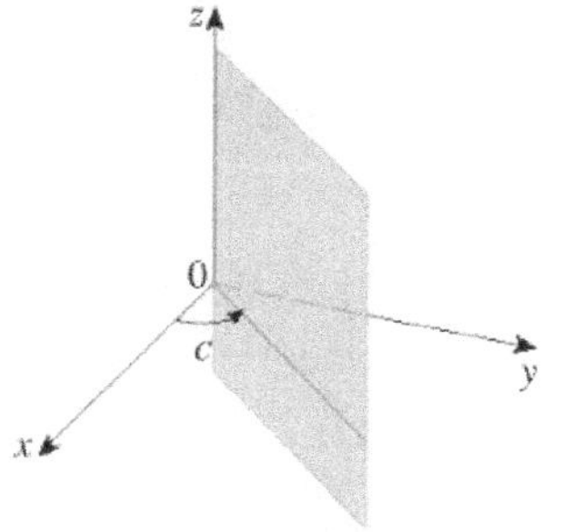

Medio Plano $\theta = c$
$y = x \tan c$

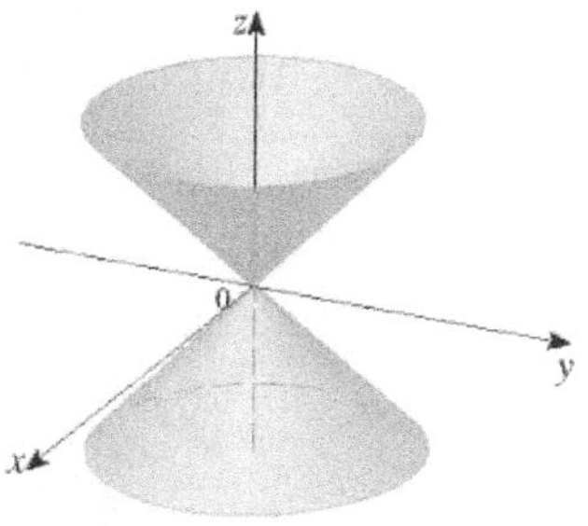

Cono $z = r$
$z^2 = x^2 + y^2$

Integrales Triples con Coordenadas Cilíndricas

Considere el sólido E

$$E = \{(x, y, z) \mid (x, y) \in D,\ \ u_1(x, y) \leqslant z \leqslant u_2(x, y)\ \}$$

La integral triple se simplifica a la sig. integral iterada

$$\iiint_E f(x, y, z)dV \ = \ \iint_D \left[\int_{u_1(x,y)}^{u_2(x,y)} f(x, y, z)\, dz \right] dA$$

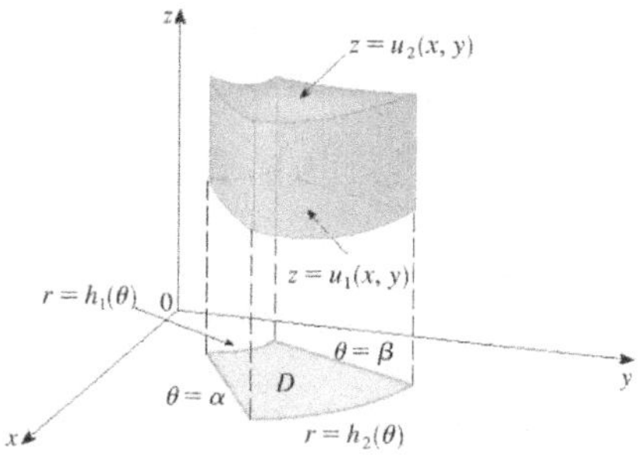

Si la proyección de E sobre el plano$-xy$ es la región polar D

$$D = \{(r, \theta) \mid \alpha \leqslant \theta \leqslant \beta,\ h_1(\theta) \leqslant r \leqslant h_2(\theta)\ \}$$

La integral triple se evalúa realizando un cambio de coordenadas cartesianas a cilíndricas.

Si $E = \{(r, \theta, z) \mid \alpha \leqslant \theta \leqslant \beta,\ h_1(\theta) \leqslant r \leqslant h_2(\theta)\ u_1(x, y) \leqslant z \leqslant u_2(x, y)\ \}$, entonces utilice coordenadas polares $x = r\cos\theta$, $y = r\sin\theta$, $dA = rdrd\theta$ y

$$\iiint_E f(x, y, z)dV \ = \ \int_\alpha^\beta \int_{h_1(\theta)}^{h_2(\theta)} \int_{u_1(r\cos\theta, r\sin\theta)}^{u_2(r\cos\theta, r\sin\theta)} f(r\cos\theta, r\sin\theta)\ rdzdrd\theta$$

El volumen de una caja o cuña cilíndrica con
largo dr,
ancho $rd\theta$,
altura dz,
es $dV = dzrdrd\theta$.

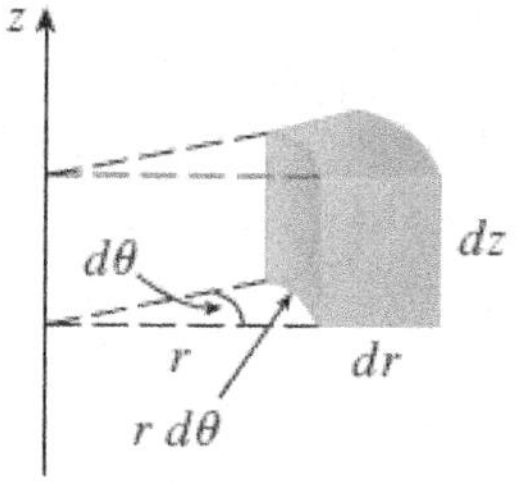

Ejercicio 2: Considere el sólido E que es acotado por el paraboloide $z = x^2 + y^2$ *y el plano* $z = 4$.

a. Bosqueje el sólido y la proyección del sólido E en el plano-xy.

El Sólido es un paraboloide alrededor del eje z con una altura de $z = 4$.

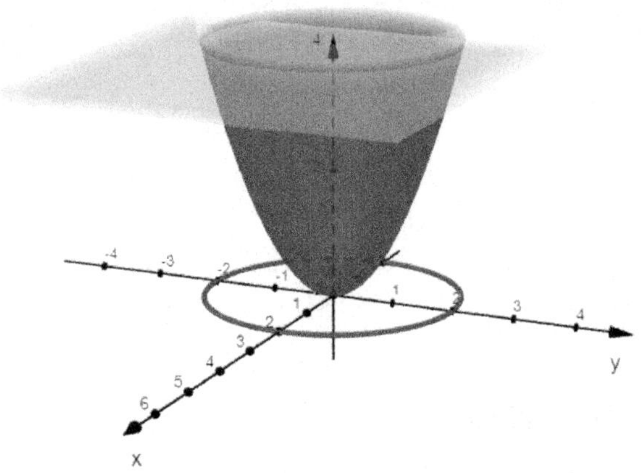

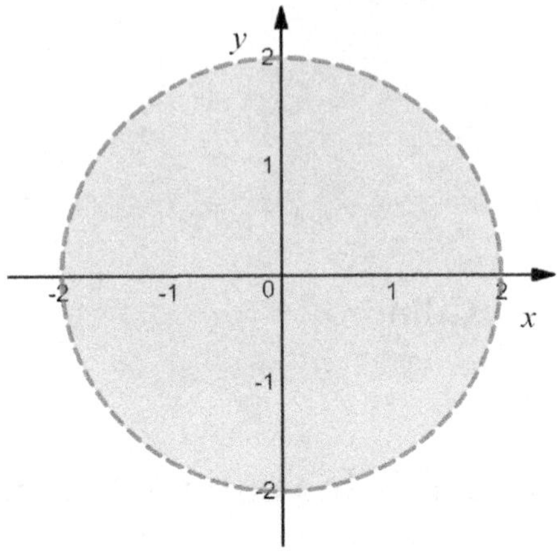

La proyección del sólido E en el plano-xy es un disco de radio 2 $x^2 + y^2 = 4$ ó $r = 2$.

b. Describa el sólido E y la región D por medio de coordenadas cilíndricas.

$$\begin{aligned} D &= \{\, (r, \theta) \mid 0 \leqslant r \leqslant 2,\ 0 \leqslant \theta \leqslant 2\pi \,\} \\ E &= \{\, (r, \theta, z) \mid 0 \leqslant r \leqslant 2,\ 0 \leqslant \theta \leqslant 2\pi,\ r^2 \leqslant z \leqslant 4 \,\} \end{aligned}$$

Nota: La descripción de D y E es más complicada utilizando coordenadas cartesianas.

$$D = \{\, (x, y) \mid -2 \leqslant x \leqslant 2,\ -\sqrt{4 - x^2} \leqslant y \leqslant \sqrt{4 - x^2} \,\}$$
$$E = \{\, (x, y, z) \mid -2 \leqslant x \leqslant 2,\ -\sqrt{4 - x^2} \leqslant y \leqslant \sqrt{4 - x^2},\ x^2 + y^2 \leqslant z \leqslant 4 \,\}$$

c. Utilice coordenadas cilíndricas para evaluar $I_2 = \iiint_E z\, dV$.

Integre primero respecto a z, luego respecto a r y por último respecto a θ.

$$\begin{aligned} I_2 &= \int_0^{2\pi} \int_0^2 \left(\int_{r^2}^4 z dz \right) r dr d\theta \\ &= \int_0^{2\pi} \int_0^2 \left. \frac{z^2}{2} \right]_{z=r^2}^{z=4} r dr d\theta \\ &= \int_0^{2\pi} \left(\int_0^2 \left(8r - \frac{r^5}{2} \right) dr \right) d\theta \\ &= \int_0^{2\pi} \left(\left. 4r^2 - \frac{r^6}{12} \right]_{r=0}^{r=2} \right) d\theta \\ &= \int_0^{2\pi} \left(16 - \frac{16}{3} \right) d\theta \\ &= \left. \frac{32}{3} \theta \right]_{\theta=0}^{\theta=2\pi} = \frac{64}{3} \pi \end{aligned}$$

d. Encuentre el volumen del sólido E, recuerde que $V = \iiint_E dV$.

$$
\begin{aligned}
V = \iiint_E dV &= \int_0^{2\pi} \int_0^2 \left(\int_{r^2}^4 dz \right) r dr d\theta \\
&= \int_0^{2\pi} \left(\int_0^2 (4 - r^2)\, r dr \right) d\theta \\
&= \int_0^{2\pi} \left(2r^2 - \frac{r^4}{4} \Big]_{r=0}^{r=2} \right) d\theta \\
&= \int_0^{2\pi} \left(8 - \frac{16}{4} \right) d\theta = 4\theta \Big]_{\theta=0}^{\theta=2\pi} = 8\pi
\end{aligned}
$$

Ejercicio 3: Evalué la siguiente integral realizando el cambio a coordendas cilíndricas. La región D es el semidisco derecho de radio 2 centrado en el origen.

$$
I_3 = \iint_D \left[\int_0^{9-x^2-y^2} \sqrt{x^2+y^2}\, dz \right] dA
$$

Reescriba el paraboloide en polares $u = 9 - x^2 - y^2 = 9 - r^2$.

Los límites de la región D son: $-\frac{\pi}{2} \leqslant \theta \leqslant \frac{\pi}{2}, \qquad 0 \leqslant r \leqslant 2$.

$$
\begin{aligned}
I_3 &= \int_{-\pi/2}^{\pi/2} \int_0^2 \left(\int_0^{9-r^2} r dz \right) r dr d\theta \\
&= \int_{-\pi/2}^{\pi/2} \int_0^2 \left(rz \Big]_{z=0}^{z=9-r^2} \right) r dr d\theta \\
&= \int_{-\pi/2}^{\pi/2} \left(\int_0^2 (9 - r^2) r^2 dr \right) d\theta \\
&= \left(\int_{-\pi/2}^{\pi/2} d\theta \right) \left(\int_0^2 (9r^2 - r^4) dr \right) \\
&= \left(\frac{\pi}{2} + \frac{\pi}{2} \right) \left(3r^3 - \frac{r^5}{5} \Big]_0^2 \right) \\
&= \pi \left(24 - \frac{32}{5} \right) = \frac{88\pi}{5}
\end{aligned}
$$

25. Integrales Triples, coordenadas esféricas (15.9)

Sistema de coordenadas esféricas

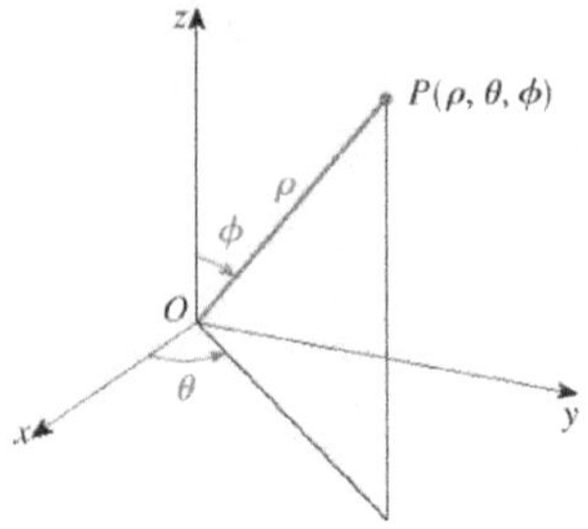

Un punto P en el espacio se puede representar con las coordenadas. (ρ, θ, ϕ).

ρ es la distancia del punto P al origen.

θ es el ángulo polar en el plano$-xy$.

ϕ es el ángulo entre el eje z y el segmento de recta $\overrightarrow{OP}$.

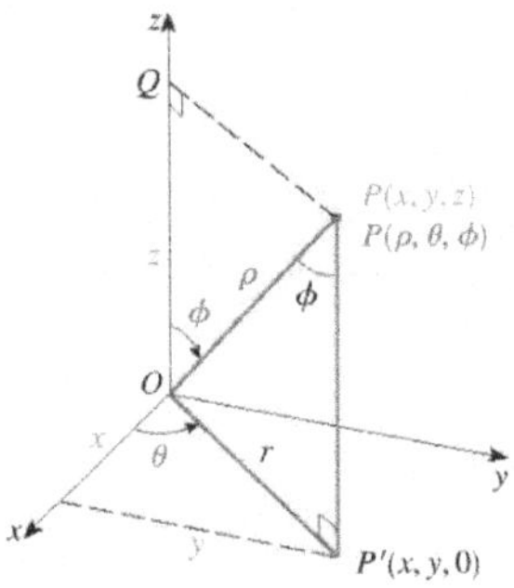

Note que $\rho \geqslant 0, \quad 0 \leqslant \theta \leqslant 2\pi, \quad 0 \leqslant \phi \leqslant \pi.$

Observando el diagrama: $x = r\cos\theta, \quad y = r\sin\theta$.

También tenemos que $r = \rho\sin\phi, \quad z = \rho\cos\phi$.

Cambio de coordenadas esféricas (r, θ, ϕ) **a cartesianas** (x, y, z)

$$
\begin{aligned}
x &= \rho\sin\phi\cos\theta \\
y &= \rho\sin\phi\sin\theta \\
z &= \rho\cos\phi
\end{aligned}
$$

Observe que

$$
\begin{aligned}
x^2 + y^2 + z^2 &= r^2 + \rho^2\cos^2\theta \\
x^2 + y^2 + z^2 &= \rho^2\sin^2\theta + \rho^2\cos^2\theta \\
x^2 + y^2 + z^2 &= \rho^2
\end{aligned}
$$

El ángulo polar se obtiene por medio de la ecuación $\tan\theta = \dfrac{y}{x}$.

El ángulo ϕ o *azimut* se obtiene utilizando la ecuación $z = \rho\cos\phi, \quad \Rightarrow \quad \cos\theta = \dfrac{z}{\rho}$.

Cambio de coordenadas cartesianas (x, y, z) **a esféricas** (r, θ, ϕ)

$$
\begin{aligned}
\rho &= \sqrt{x^2 + y^2 + z^2} \\
\theta &= \tan^{-1}\left(\frac{y}{x}\right) \\
\phi &= \cos^{-1}\left(\frac{z}{\sqrt{x^2 + y^2 + z^2}}\right)
\end{aligned}
$$

Ejercicio 1: Encuentre las coordenadas esféricas de los puntos (x, y, z) *dados .*

a. $P(1, \sqrt{3}, 2\sqrt{3})$

Radio	$\rho = \sqrt{1+3+4\cdot 3} = \sqrt{16} = 4$	
Angulo Polar	$\tan\theta = \dfrac{y}{x} = \sqrt{3}$	$\theta = \tan^{-1}(\sqrt{3}) = \dfrac{\pi}{3}$
Azimut	$\cos\phi = \dfrac{z}{\rho} = \dfrac{\sqrt{3}}{2}$	$\phi = \cos^{-1}\left(\dfrac{\sqrt{3}}{2}\right) = \dfrac{\pi}{6}$

Las coordenadas esféricas del punto P son $\left(4, \dfrac{\pi}{3}, \dfrac{\pi}{6}\right)$.

b. $Q(1, -1, -\sqrt{2})$

$(1, -1)$ está en el tercer cuadrante, $1.5\pi \leqslant \theta \leqslant 2\pi$.
z está en el hemisferio sur, $0.5\pi \leqslant \theta \leqslant \pi$.

Radio	$\rho = \sqrt{1+1+2} = \sqrt{4} = 2$	
Angulo Polar	$\tan\theta = \dfrac{y}{x} = -1$	$\theta = 2\pi - \dfrac{\pi}{4} = \dfrac{7\pi}{4}$
Azimut	$\cos\phi = \dfrac{z}{\rho} = -\dfrac{\sqrt{2}}{2}$	$\phi = \pi - \dfrac{\pi}{4} = \dfrac{3\pi}{4}$

Las coordenadas esféricas del punto P son $\left(2, \dfrac{7\pi}{4}, \dfrac{3\pi}{4}\right)$.

Gráficas de Ecuaciones en coordenadas esféricas

Muchas superficies tienen ecuaciones más simples en coordenadas esféricas.

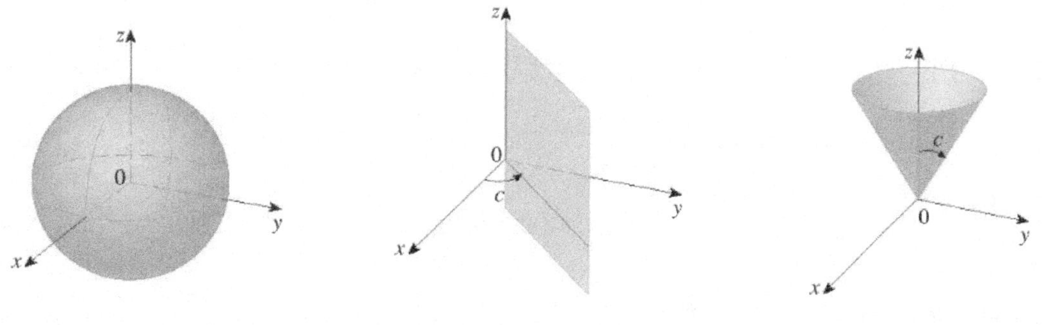

Esfera $\rho = k$ — Medio Plano $\theta = c$ — SemiCono $\phi = c$

Se obtiene un semicono superior si $0 \leqslant \phi \leqslant \dfrac{\pi}{2}$.
Se obtiene un semicono inferior si $\dfrac{\pi}{2} \leqslant \phi \leqslant \pi$.

Evaluación de Integrales Triples

Una caja o cuña esférica es el sólido E descrito como:

$$E = \{\ (\rho, \theta, \phi) \mid r_1 \leqslant \rho \leqslant r_2,\ \alpha \leqslant \theta \leqslant \beta,\ c \leqslant \phi \leqslant d\ \}$$

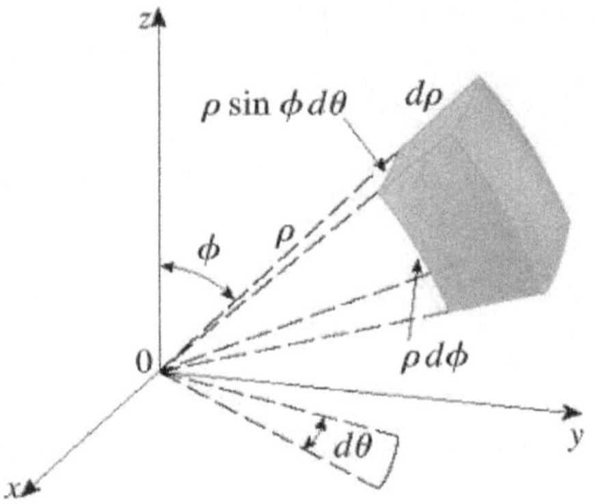

Las dimensiones de la cuña esférica son:
Ancho $w = r_2 - r_1 = \Delta\rho$
Largo $l = r(\beta - \alpha) = r\Delta\theta = \rho \sin\phi\Delta\theta$
Altura $h = \rho(d - c) = \rho\Delta\phi$

Recuerde que $r = \rho \sin\phi$.

El volumen de la cuña esférica es: $\Delta V = \rho^2 \sin\phi\Delta\rho\Delta\theta\Delta\phi$.

Para evaluar una integral triple en coordenadas esféricas

- Exprese la función $f(x, y, z)$, en términos de r, θ y ϕ.
- Cambie los límites de integración.
- Utilice el volumen de una cuña esférica infinitesimal $dV = \rho^2 \sin\phi\, d\rho\, d\theta\, d\phi$.

Evaluación de Integrales Triples en Coordenadas Esféricas

Si la función $f(x, y, z)$ es continua en la cuña esférica E, entonces

$$\iiint_E f(x, y, z)dV = \int_\alpha^\beta \int_c^d \int_{r_1}^{r_2} f(\rho\cos\theta\sin\phi, \rho\sin\theta\sin\phi, \rho\cos\phi)\rho^2 \sin\phi\, d\rho\, d\theta\, d\phi$$

Si el sólido E tiene una descripción más general como en:

$$E = \{\ (\rho, \theta, \phi) \mid g_1(\theta, \phi) \leqslant \rho \leqslant g_2(\theta, \phi),\ \alpha \leqslant \theta \leqslant \beta,\ c \leqslant \phi \leqslant d\ \},$$

La integral triple en E se integra de primero en $g_1(\theta, \phi) \leqslant \rho \leqslant g_2(\theta, \phi)$, luego en θ ó en ϕ.

Ejercicio 2: Evalúe las siguientes integrales triples en los sólidos descritos.

a. $I_a = \iiint_E (5x^2 + 5y^2)\, dV$, E es el hemisferio inferior $x^2 + y^2 + z^2 \leqslant 4$, $z \leqslant 0$.

Tenemos que $x^2 + y^2 + z^2 = \rho^2 = 4$, $\Rightarrow$ $\rho = 2$.
En el plano-xy se cubren todos los ángulos polares entre 0 y 2π.

Como $z \leqslant 0$, el ángulo ϕ está entre $\frac{\pi}{2}$ y π.
El hemisferio inferior es $E = \{\ (r, \theta, \phi) \mid 0 \leqslant \theta \leqslant 2\pi,\ \pi/2 \leqslant \phi \leqslant \pi,\ 0 \leqslant \rho \leqslant 2\ \}$.

Exprese $f(x, y, z)$ en términos de coordenadas esféricas.

$$f(r, \theta, \phi) = 5\rho^2 \cos^2 \theta \sin^2 \phi + 5\rho^2 \sin^2 \theta \sin^2 \phi$$
$$f(r, \theta, \phi) = 5\rho^2 \sin^2 \phi(\cos^2 \theta + \sin^2 \theta) = 5\rho^2 \sin^2 \phi$$

Evalúe la integral triple, recuerde que $dV = \rho^2 \sin \phi \, d\rho \, d\phi \, d\theta$.

$$I_a = \iiint_E (5x^2 + 5y^2) \, dV = \int_0^{2\pi} \int_{\pi/2}^{\pi} \int_0^2 5\rho^2 \sin^2 \phi \rho^2 \sin \phi \, d\rho \, d\phi \, d\theta$$

El integrando es un producto de tres funciones de una sola variable, por lo que:

$$I_a = \left(\int_0^{2\pi} d\theta \right) \left(\int_{\pi/2}^{\pi} \sin^2 \phi \sin \phi d\phi \right) \left(\int_0^2 5\rho^4 \, d\rho \right)$$

$$\int_0^{2\pi} d\theta = 2\pi \qquad \int_0^2 5\rho^4 \, d\rho = \left. \frac{5\rho^5}{5} \right]_0^2 = 32$$

$$\int_{\pi/2}^{\pi} \sin^2 \phi \sin \phi d\phi = \int_{\pi/2}^{\pi} (1 - \cos^2 \phi) \sin \phi d\phi = \left. - \cos \theta + \frac{\cos^3 \theta}{3} \right]_{\pi/2}^{\pi} = -(-1) - \frac{1}{3} + 0 = \frac{2}{3}$$

$$I_a = 2\pi \cdot \frac{2}{3} \cdot 32 = \frac{128}{3}\pi$$

b. $I_b = \iiint_E \sqrt{x^2 + y^2} \, dV$, E está entre las esferas $x^2+y^2+z^2 = 4$, y $x^2+y^2+z^2 = 9$.

Como $x^2 + y^2 + z^2 = \rho^2$, $\rho_1 = 2$, $\rho_2 = 3$.

El cascarón esférico está en los 8 octantes $0 \leqslant \phi \leqslant \pi$, $0 \leqslant \theta \leqslant 2\pi$.

Exprese $\sqrt{x^2 + y^2}$ en términos de coordenadas esféricas.

$$\begin{aligned}
I_b &= \sqrt{\rho^2 \sin^2 \phi \cos^2 \theta + \rho^2 \sin^2 \phi \sin^2 \theta} = \sqrt{\rho^2 \sin^2 \phi} = \rho \sin \phi \\
&= \int_0^{2\pi} \int_0^{\pi} \left(\int_2^4 \rho \sin \phi \rho^2 d\rho \right) \sin \phi d\theta \\
&= \left(\int_0^{2\pi} d\theta \right) \left(\int_0^{\pi} \sin^2 \phi d\phi \right) \left(\int_2^4 \rho^3 d\rho \right) \\
&= \frac{2\pi}{2} \left(\int_0^{\pi} 1 - \cos 2\phi d\phi \right) \left(\left. \frac{1}{4}\rho^4 \right]_2^4 \right) \\
&= \pi \left(\left. \theta - \frac{1}{2} \sin 2\phi \right]_0^{\pi} \right) \left(\frac{256 - 16}{4} \right) \\
&= \pi \left(\pi - \frac{1}{2} \sin 2\pi \right) \left(\frac{240}{4} \right) = 60\pi^2
\end{aligned}$$

Volúmenes en Coordenadas Esféricas

Si el sólido E se puede expresar por medio de las ecuaciones en coordenadas esféricas,

$$E = \{ (\rho, \theta, \phi) \mid g_1(\theta,\phi) \leqslant \rho \leqslant g_2(\theta,\phi),\ c \leqslant \phi \leqslant d,\ \alpha \leqslant \theta \leqslant \beta \}$$

entonces el volumen se obtiene al evaluar la integral triple de $f(x,y,z) = 1$ en E.

El **Volumen** del Sólido E expresado en coordenadas esféricas es:

$$V = \iiint_E dV = \int_\alpha^\beta \int_c^d \int_{g_1(\theta,\phi)}^{g_2(\theta,\phi)} \rho^2 \sin\phi \, d\rho \, d\phi \, d\theta$$

Ejercicio 3: Encuentre el volumen del sólido que se encuentra arriba del plano$-xy$, dentro de la esfera $x^2+y^2+z^2=9$, y debajo del semicono $z=\sqrt{x^2+y^2}$. (vea la figura adjunta).

La clave es expresar la esfera y el semicono en términos de coordenadas esféricas.

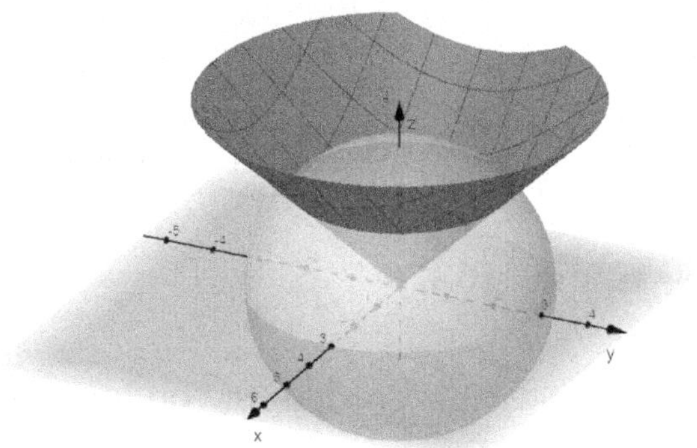

Esfera $x^2+y^2+z^2=9 \quad \Rightarrow \quad \rho = 3$.

Cono $z=\sqrt{x^2+y^2} \quad \Rightarrow \quad \rho\cos\phi = \rho\sin\phi$.

$\tan\phi = 1 \quad \Rightarrow \quad \phi = \dfrac{\pi}{4}$.

Como $z \geqslant 0$, el ángulo es $0 \leqslant \phi \leqslant \dfrac{\pi}{2}$.

El sólido abarca todo el plano xy $\quad 0 \leqslant \theta \leqslant 2\pi$.

Límites del sólido E: $\quad 0 \leqslant \theta \leqslant 2\pi, \quad 0 \leqslant \phi \leqslant \dfrac{\pi}{2}, \quad 0 \leqslant \rho \leqslant 3$

$$\begin{aligned}
V &= \iiint_E dV \\
&= \int_0^{2\pi}\int_0^{\pi/2}\int_0^3 \rho^2 d\rho \sin\phi d\phi d\theta \\
&= \left(\int_0^{2\pi} d\theta\right)\left(\int_0^{\pi/2} \sin\phi d\phi\right)\left(\int_0^3 \rho^2 d\rho\right) \\
&= 2\pi\left(\cos\phi\Big]_{\pi/2}^{0}\right)\left(\frac{1}{3}\rho^3\Big]_0^3\right) \\
&= 2\pi(1-0)\left(\frac{27}{3}\right) = 2\pi(9) = 18\pi
\end{aligned}$$

Ejercicio 4: Evalúe la integral dada utilizando coordenadas esféricas.

a. $I_1 = \displaystyle\int_0^1 \int_0^{\sqrt{1-x^2}} \left(\int_0^{\sqrt{1-x^2-y^2}} xy \, dz \right) dydx$

El Sólido E es una porción de esfera de radio $\rho = 1$ que está en el primer octante.
La proyección con el plano-xy D es el cuarto de disco en el primer cuadrante.
El Sólido E es la siguiente caja o cuña esférica:

$$E = \left\{ (r, \theta, \phi) \mid 0 \leqslant \theta \leqslant \frac{\pi}{2},\ 0 \leqslant \phi \leqslant \frac{\pi}{2},\ 0 \leqslant \rho \leqslant 1 \right\}$$

Como $x = \rho \sin\phi \cos\theta$, $y = \rho \sin\phi \sin\theta$, entonces $f(x, y, z) = xy = \rho^2 \sin^2\phi \cos\theta \sin\theta$.
La integral triple se reescribe de coordenadas cartesianas a esféricas como:

$$I_1 = \int_0^{\pi/2} \int_0^{\pi/2} \int_0^1 \left(\rho^2 \sin^2\phi \cos\theta \sin\theta\right) \rho^2 \sin\phi \, d\rho \, d\phi \, d\theta$$

$$I_1 = \int_0^{\pi/2} \int_0^{\pi/2} \int_0^1 \left(\rho^4 \sin^3\phi \cos\theta \sin\theta\right) \, d\rho \, d\phi \, d\theta$$

El integrando es un producto de tres funciones de una sola variable y los límites de integración son constantes, por lo que las integrales iteradas se simplifican a

$$I_1 = \left(\int_0^{\pi/2} \cos\theta \sin\theta \, d\theta \right) \left(\int_0^{\pi/2} \sin^3\phi \, d\phi \right) \left(\int_0^1 \rho^4 \, d\rho \right)$$

$$I_1 = \left(\left. \frac{\sin^2\theta}{2} \right]_0^{\pi/2} \right) \left(\left. \frac{\cos^3\theta}{3} - \cos\theta \right]_0^{\pi/2} \right) \left(\left. \frac{\rho^5}{5} \right]_0^1 \right)$$

$$I_1 = \left(\frac{1}{2}\right) \left(-\frac{1}{3} + 1\right) \left(\frac{1}{5}\right) = \frac{1}{15}$$

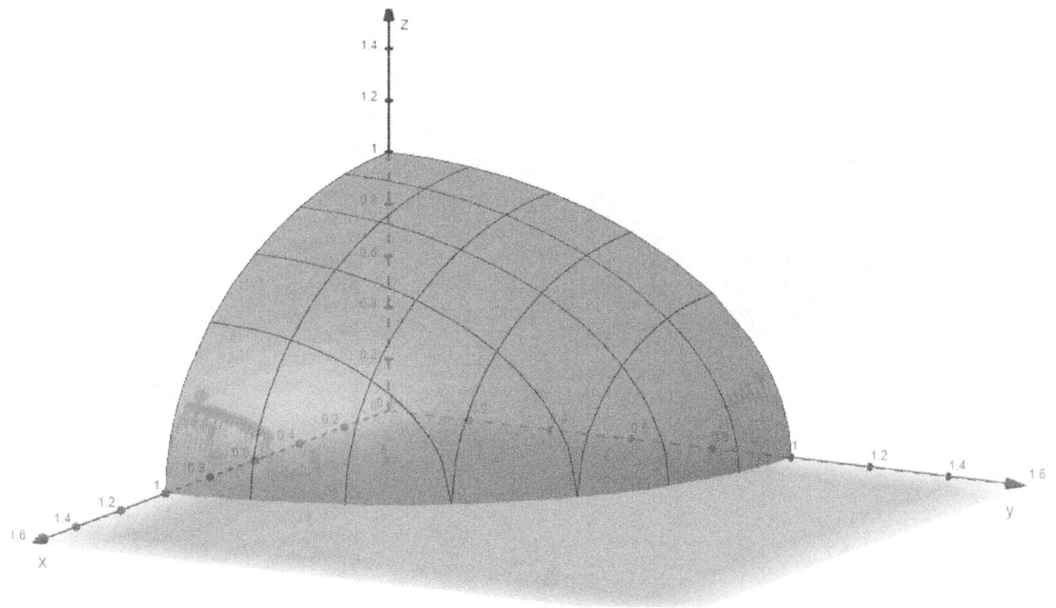

b. $I_2 = \int_{-a}^{a}\int_{-\sqrt{a^2-y^2}}^{\sqrt{a^2-y^2}}\int_{-\sqrt{a^2-x^2-y^2}}^{0} 15(x^2+y^2)\,dz\,dx\,dy$

El sólido está entre el plano xy $z=0$ y la semiesfera inferior $z=-\sqrt{a^2-x^2-y^2}$.

La proyección del sólido en el plano xy es el círculo de radio $r=a$, $0\leqslant\theta\leqslant 2\pi$.

Los límites del sólido en términos de coordenadas esféricas son

$$E: \quad 0\leqslant\theta\leqslant 2\pi, \quad \pi/2\leqslant\phi\leqslant\pi, \quad 0\leqslant\rho\leqslant a$$

$$\begin{aligned}
I_2 &= \iiint_E 15(x^2+y^2)dV = \int_0^{2\pi}\int_{\pi/2}^{\pi}\int_0^a 15\rho^2\sin^2(\phi)\rho^2\sin(\phi)d\rho^2 d\phi d\theta \\
&= \left(\int_0^{2\pi} d\theta\right)\left(\int_0^a 15\rho^4 d\rho\right)\left(\int_{\pi/2}^{\pi}\sin^2\phi\sin\phi d\phi\right) \\
&= 2\pi\left(3\rho^5\Big]_0^a\right)\left(\int_{\pi/2}^{\pi}(1-\cos^2\phi)\sin\phi d\phi\right) \\
&= 2\pi(3a^5)\left(-\cos\phi-\frac{1}{3}\cos^3\phi\Big]_{\pi/2}^{\pi}\right) \\
&= 6\pi a^5\left(-\cos\pi-\frac{1}{3}\cos\pi+\cos\frac{\pi}{2}+\frac{1}{3}\cos^3\frac{\pi}{2}\right) \\
&= 6\pi a^5\left(\frac{4}{3}\right) = 8\pi a^5
\end{aligned}$$

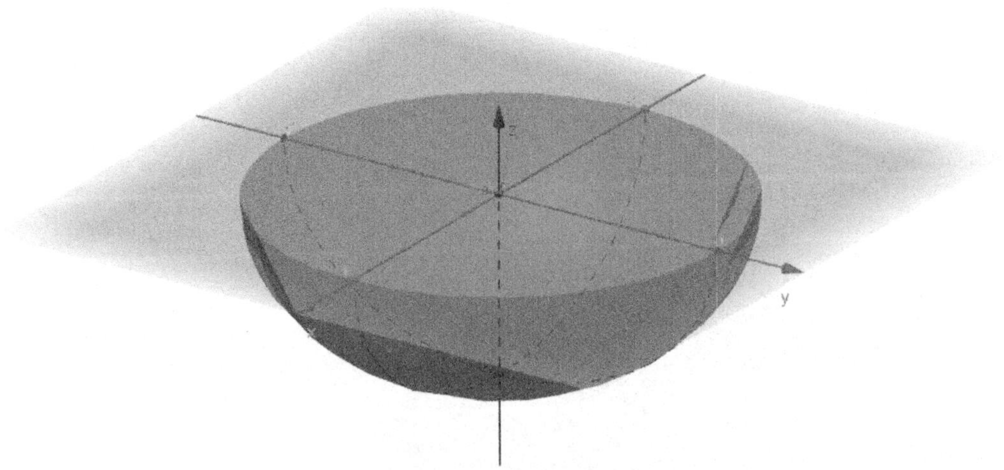

Made in the USA
Monee, IL
05 November 2026

67380398R10079